U0142361

樹木土壌学の基礎知識

樹木土壤學的基礎知識

堀 大才 著——劉東啟 譯

五南圖書出版公司 印行

序

筆者從小就喜歡在地上挖洞，經常在庭院裡用小鏟子挖洞。我家建於關東壤土層臺地的低窪溼地區，是經過塡土整地而成的基地。庭院的土壤堅硬，夾雜著許多礫石，挖到60公分左右就會出水，還帶有微微的腐臭味。我還經常在附近河階坡地上的樹林裡挖洞玩，那邊的土壤上層是鬆軟的黑土，越往深處則顏色逐漸變淺，最後會出現紅褐色的土壤，而且完全沒有礫石和水。這種土壤的地方被稱爲「紅土山」。即使是小時候，對於和我家庭院的土壤不同之處，也不禁覺得不可思議。

筆者第一次研究土壤是在 50 多年前的學生時期。當時林學科的畢業論文題目是「山毛櫸林中的土壤動物」，從日本各地山毛櫸林的林床採集有機物層，接著特別訂製當時還很少人知道的「土壤動物採集裝置」。使用吸蟲管、鑷子等，在肉眼可辨認的範圍內，盡可能地分離出土壤動物，再用解剖顯微鏡進行物種鑑定和個體數量統計。那時土壤動物的相關研究案例非常少，幾乎沒有參考文獻，所以能辨別的物種也十分稀少。現在想想當時研究方法極其粗淺，但對於森林的土壤動物多樣性驚嘆不止，也因此對土壤學產生了濃厚的興趣。接著了解到土壤是極其多樣且複雜，可以毫不誇張地說土壤本身就是具有生命的生物體，包含不可思議的世界，是一個適合作爲一生研究的對象。從那以後，雖然並非以從事土壤研究爲專業，不過即使曾有短暫中斷，直到今日，我的工作仍然和森林、公園綠地、社寺境內、沙漠化區域等等有關，從自然土壤到人工土壤，我不斷深入土壤的世界。

這次，才疏學淺的我以「樹木土壤學的基礎知識」爲題，撰寫了關於土壤學的書。這樣的想法來自於筆者從事公園和環境綠地的土壤改良工作多年，希望能盡最大的努力傳達給更多人，讓大家理解肉眼難以看見的土壤世界。

最後，本書的出版要感謝講談社編輯部的堀 恭子小姐在各方面提供協助與支援，對於筆者因天生懶於提筆再加上受疾病所擾而延誤的稿件，總是耐心等候著，在這裡表達深摯的感謝。

2021 年 6 月

堀 大才

【目　錄】

序 ………… i

Chapter 1 樹木土壤學的基礎知識 ………… 1

1.1 什麼是土壤 ………… 1
1.2 土壤學的起源 ………… 1
1.3 土壤的形成 ………… 2
1.4 土壤和土壤生物 ………… 3

Chapter 2 地況、地形、地質和土壤的形成 ………… 5

2.1 地況和地形 ………… 5
2.2 形成地形的因素 ………… 11
2.3 地質・岩石 ………… 14
2.4 地質和土壤的形成 ………… 16
2.5 地形和樹木的生長 ………… 19

Chapter 3 土壤的分類 ………… 25

3.1 土壤和樹木的生長 ………… 25
3.2 土壤和母岩 ………… 26
3.3 依土壤成因分類 ………… 31
3.4 依土壤堆積方式分類 ………… 32
3.5 森林土壤的分類系統 ………… 34
3.6 綠地的土壤特徵 ………… 46

Chapter 4 樹根的構造與功能 ······ 53
4.1 樹根的構造與功能 ······ 53
4.2 樹木的水分吸收功能與森林的保水能力 ······ 62

Chapter 5 樹木土壤學的土壤調查方法 ······ 77
5.1 土壤調查的意義與目的 ······ 77
5.2 調查步驟 ······ 78

Chapter 6 土壤有機質的化學 ······ 93
6.1 土壤有機質和腐植質的性質 ······ 93
6.2 黏土和腐植質帶負電的原因以及具陽離子交換容量 ······ 94

Chapter 7 供應樹木生長的有機質的利用與還原 ······ 99
7.1 有機廢棄物的綠地還原 ······ 99
7.2 堆肥化的注意事項 ······ 109
7.3 堆肥品質的判斷方法 ······ 111
7.4 堆肥在綠地的利用 ······ 114

Chapter 8 樹木與肥料成分 ······ 121
8.1 植物必需的元素 ······ 121
8.2 樹木的營養診斷 ······ 122

Chapter 9 阻害樹木生長的土壤障礙及其對策 125
9.1 土壤過溼與對策 126
9.2 踩踏壓硬 129
9.3 乾旱 129
9.4 覆土 132
9.5 土壤汙染 133

Chapter 10 為了保護環境的土壤改良法 137
10.1 為了保護環境的土壤改良理念 137
10.2 開發公園、綠地環境、農地、高爾夫球場等前的土壤改良法 137
10.3 在有既存樹木情況下的土壤改良法 139

引用・參考文獻 145

Chapter 1

樹木土壤學的基礎知識

1.1 什麼是土壤

岩石因風化而細碎，粒徑依岩石→礫石→砂→細砂（淤泥）的順序遞減，最終變成長期漂浮在水中而不溶解的膠體狀態。成為膠體狀態的細小岩石粒子稱為「黏土」。黏土粒子大小的定義因立場而異，但大致上為 2～4 μm 以下。一般來說，膠體粒子的大小為 0.1 μm 以下，但其大小會因物質類型而異。黏土的情況下，大於 0.1 μm 的粒子會長時間懸浮在水中。然而，無論岩石變得多麼細小，如果沒有生物（有機物）介入，就算發生了物理和化學變化，它仍然只是岩石，有受到生物直接或間接影響的才開始稱為土壤的狀態。換句話說，土壤是被風化而細碎的岩石與來自生物的有機物相互作用所形成。不同於地質學，土壤是屬於介在生物與無生物之間的世界。

雖然土壤學的英文為 Soil Science，但其內容可大致分為 Pedology 和 Edaphology，都是土壤學。

Edaphology 著重研究土壤的物理、化學和生物學特性對植物生長的影響，而 Pedology 則著重研究土壤的形態、分類以及起源、演變和發展過程。

順帶一提，「soil」原意是土地的意思。

1.2 土壤學的起源

現代土壤科學是由俄羅斯帝國時代的地理學家瓦西里．多庫切夫（拉丁文為 Vasily Vassil'evitch Dokuchaev，1846～1903 年）所建立。雖然在他之前有許多對於土壤進行不同觀點研究的土壤學先驅者，但是瓦西里．多庫切夫主張曾被視為地質的一部分的土壤，其實是礦物和生物（植物、動物、微生物），進而和氣象相互作用而生成，與地質不同的有生命世界。並嘗試以土壤斷面形態進行分類。因此，他被稱為現代土壤科學之父。

瓦西里．多庫切夫對俄羅斯的土壤，特別是以草原土壤為中心（在社會科裡曾學過，以盛產小麥的糧倉而聞名，稱為「黑土地帶」）進行剖面形態詳細調查，並且發現氣候與自然植被等，和土壤剖面變化有密切相關。而與氣候、自然植被等關係密切的土壤稱為顯域土。而比起氣候和植被，受母質種類和排水性等影響更為強烈的土壤則稱為隱域土，根據崩落、侵蝕、堆積等影響，土壤發育極弱則被歸類為非顯域土。

在觀察土壤剖面時，通常會以 A、B、C 層的記錄方式，對土層進行分類，而此方法最早是由瓦西里．多庫切夫開始使用。日本的土壤學受到瓦西里．多庫切夫學派強烈的影響。

1.3 土壤的形成

岩石是與風揚起的細礫和沙等相互碰撞，並且被雨水、流水、浪、冰川等的物理力量再壓碎，接著受氣溫差異而更進一步細化。岩石是由多種類礦物的無數晶粒所聚集而成的礦物集合體，與從生物形成的有機物質之間相互作用形成。礦物成分因種類而有很大的差異，但主要由石英、長石、雲母組成。膨脹率則因晶體的種類而異，如果晶體較大且溫差較大，就會逐漸龜裂。

依圖 1-1 所示，根據一般教科書所描述，岩盤逐漸被風化並碎裂再細化，而地衣類和苔蘚植物附著在它們之上並產生有機質，此外，高等植物的根也侵入碎裂的岩石中，提供腐植質使其進行土壤化。

但是，在火山噴發形成火山灰和熔岩堆積的區域，根據觀察植被恢復和土壤化的結果顯示，由細小的火山灰碎屑流或是由熔岩構成的堅固岩盤，情況完全不同。不用地衣類的苔蘚植物入侵，芒草和虎杖等高等植物直接入侵，植生迅速恢復。伴隨的土壤化也快速進行。

植被自然恢復是以來自周圍森林、草原的種子飛來（風力傳播）、鳥獸糞便（鳥

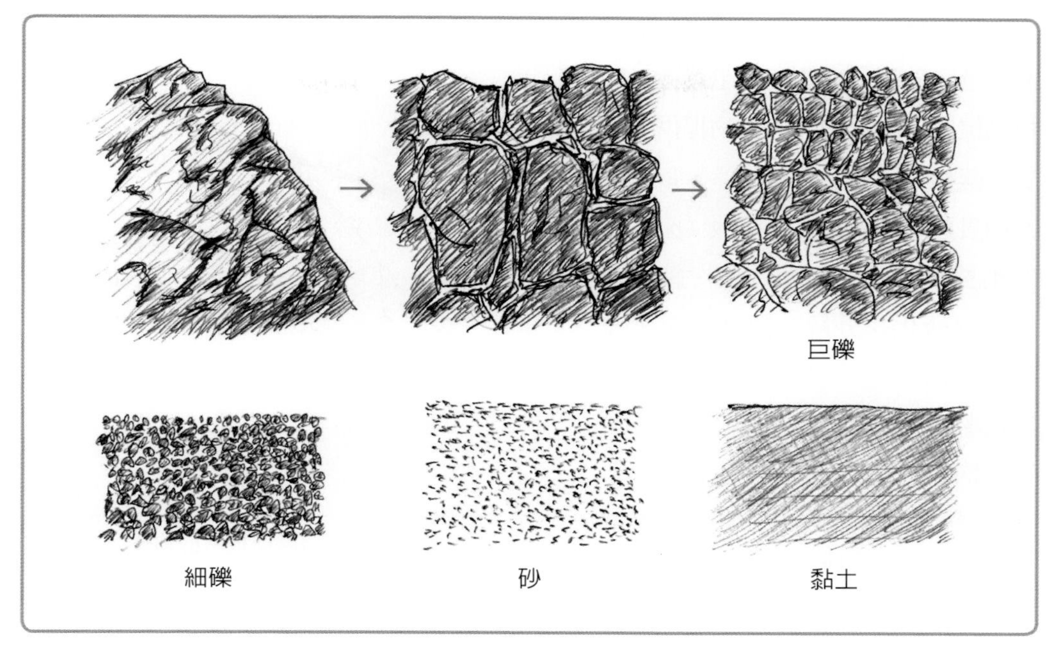

圖 1-1　岩盤的風化和細粒化

傳播）而來，但是根據植物提供的枯枝落葉和根系的發育來看，土壤形成的進程比通常認爲的要快得多。儘管如此，仍然需要數百年才能被稱爲土壤狀態。

1.4　土壤和土壤生物

在土壤中生活著微生物（細菌、藍藻、眞菌、黏菌、原生動物、線蟲等）、動物（昆蟲、蜱蟎類、甲殼類、多足類、軟體動物、環節動物、哺乳動物等）、植物（藻類、蘚類、地衣類、蕨類、維管束植物等）。儘管物種和個體的數量巨大，但因爲是肉眼很難看到的世界，所以它的實際情況還沒有完全被解開。然而，這些土壤生物被認爲對生態系統和人類社會具有重大影響。

土壤的膨軟性極度影響雨水的滲入能力，與土壤的保水力很有關係。然而，土壤生物對於土壤的膨脹和柔軟方面起著極其重要的作用。土壤微生物對有機物的分解

（消化和發酵），土壤動物對有機物的分解（破碎和消化）及土壤粒子的攪動混合（膨軟化），植物提供有機質（落枝、落葉、倒伏等），以及根系的貫通、穿孔和水分吸收（來自根的生長壓造成的物理破壞、細根分泌的根酸化學分解、根系反覆吸水和雨水滲透的結果，導致土壤孔隙度逐漸增加）這樣的作用可增加膨脹與柔軟性。

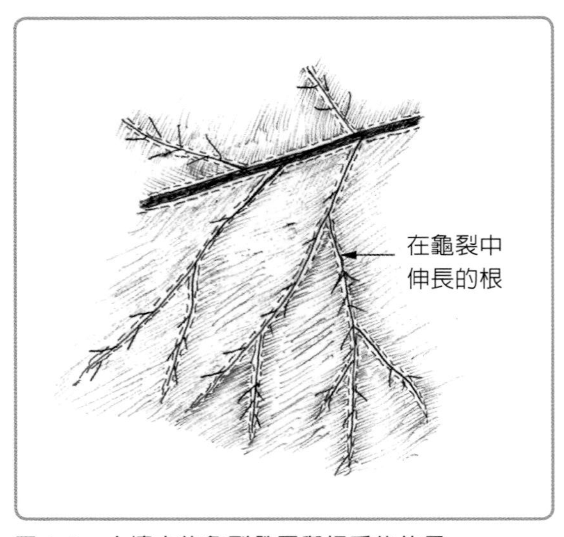

圖 1-2　土壤中的龜裂發展與根系的伸長

根系吸水和經由根系的樹幹流，水分供給使土壤的乾溼變化大，由於乾溼變化增加了土壤的反覆膨潤收縮、開裂，並在那裡形成孔隙讓根系進一步生長，根系吸收更多的水分並使土壤乾燥化，而降雨又使土壤再度被潤溼，於是不斷重複增加裂縫數量並擴大，進行土壤膨脹和軟化（圖 1-2）。腐植質對土壤粒子的結合（膠結作用）也有很大的幫助。

植物提供的枯枝落葉大部分是有機物，經由土壤動物和微生物分解、發酵，很多會以二氧化碳的形式返回大氣中，一部分會長期保持穩定的形態，轉變為耐久性腐植質，並結合土壤粒子促進團粒結構形成。

Chapter 2

地況、地形、地質和土壤的形成

2.1 地況和地形

土地的全部或部分形狀稱為地形，地形加上地表地質、土壤、植被、溫度、降水和土地利用等資訊稱為地況。地況是檢討土地區位環境和農作物生產性的重要基礎資料。

地形包括水平距離、等高線、高度、山脊、中坡、山谷的區別，坡面的方位、傾斜角度、坡形（由凸形散水坡、凹形集水坡、平衡坡面，三種基本形及其組合來表示）。分為山地、丘陵、山谷、斷崖、臺地、低平地、河流、湖泊和海岸。

1 山地

山地是從周圍低平地形表面突出的高地表區域。雖然在日本海拔大約 300 公尺以上就稱為山地，但並沒有嚴格的定義。山地是由火山活動，隆起、沉降、侵蝕、褶皺和斷層形成的。以脈狀連結著的山地稱為山脈，集結成塊狀的則稱為地塊，不規則聚集而成的山地稱為山群（山彙），山脈與山塊的集合體稱為山系。按高度區分：

• 低山：海拔約 1,000 m 以下。
• 中山：海拔 1,000～3,000 m。
• 高山：海拔約 3,000 m 以上。

2 丘陵

丘陵是指海拔 300 m 以下，相對平緩的低山，從地質上看，大多由 100 萬至 30 萬年前，較新的地層所形成。另外，在海外有些地方海拔 1,000 m 以下也會被劃分為丘陵。山地或丘陵都是相對的，像高原這樣的地方，只要比眼前的高原還要稍微高一些的山，就能稱爲丘陵。

3 臺地

臺地在地形學上指的是具有平坦頂面的桌面形高地。在地質學上指的是水平，或略傾斜的基岩占了廣大區域的狀態。日本許多臺地都屬於洪積臺地。洪積臺地是原先被洪水淹沒後，由河水運送的泥沙形成平坦的沖積低地，而後因地勢隆起或海平面下降而相對升高，接著被河水或海水強烈侵蝕，形成河階地和海岸階地，而未被侵蝕的部分，形成比低平地還要高的高臺狀態。因爲缺乏水源，除臺地上的小河流域外，並不會種植水田，所以植被通常由旱田、草地、果園和樹林所組成。

此外，洪積這個名詞的由來是巴比倫史詩和舊約中的諾亞方舟和大洪水時期沉積的地層。

4 谷

谷的地貌可大致分爲侵蝕谷、圈谷和構造谷。

侵蝕谷（V形谷）多爲山地或臺地被水流沖刷、深度侵蝕而形成。在日本能看到有許多侵蝕谷都是山地的稜線（山脊線）形成分水嶺，雨水沿幾乎垂直於山脊線的方向順坡流下，侵蝕而形成的山谷（圖2-1）。因此山脊線幾乎會被侵蝕成爲直角狀，較大的侵蝕谷經常會被夾在山脊線之間，

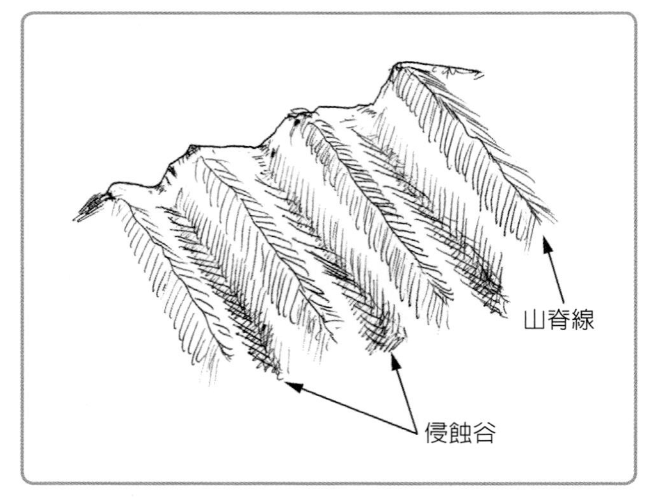

圖 2-1　侵蝕谷

河流幾乎平行於山脊線流下（圖 2-2）。

由冰川逐漸移動而形成的山谷稱為圈谷（U 形谷）。此外，對於日本人來說，德國的 kar 可能更常見。雖然這在以前的日本並不存在，但現在北海道的日高山脈以及長野縣和富山縣的北阿爾卑斯山等地確認到了非常小的 U 形谷存在。圈谷的下面和側面都能發現堆積著被冰川運送的土砂和岩石堆積物（moraine，為冰磧或冰堆積物）。

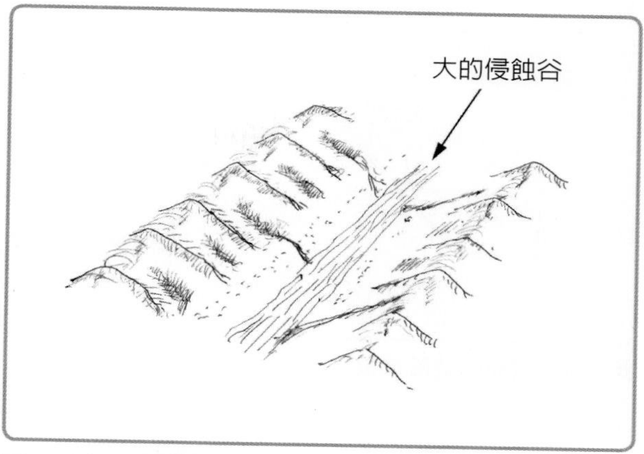

圖 2-2　大的侵蝕谷

構造谷是斷層、皺褶等地殼變動形成的谷地。較多是像中央構造線，規模大的較多。

5 盆地

四面環山的平坦地形稱為盆地。因容易聚集水，使水環境豐富，但容易發生焚風現象，大多在晴天或晴朗的夜晚時，由於輻射冷卻使冷空氣容易聚集，溫差較大。坡度緩的沖積扇多。在沖積扇中，河流經常變成地下伏流水。

順帶一提，當氣團從山坡上升時，乾燥斷熱遞減率約以 1℃/100 m 下降，直到氣團中的水蒸氣冷卻並形成水滴（雲）。形成雲後會以溼潤斷熱遞減率約 0.5℃/100 m 下降，當氣團下山時，因雲突然消失的緣故，到山腳為止幾乎是以乾絕熱遞減率 1℃/100 m 上升。導致越過山的前後溫差很大，這就是焚風現象（圖 2-3）。

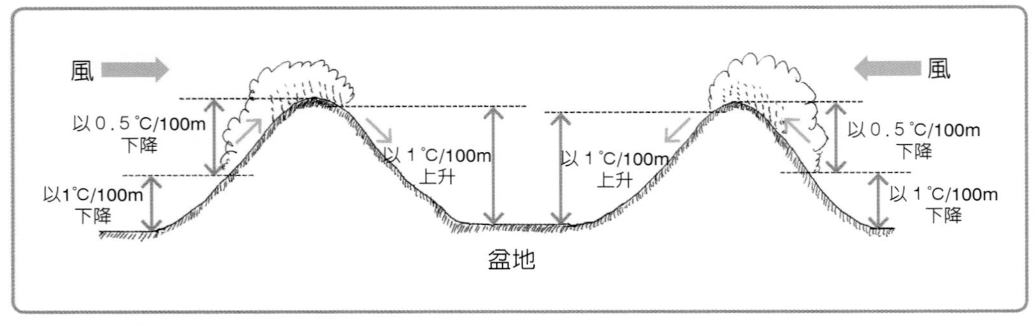

圖 2-3　**盆地的焚風現象**

Column 1

焚風現象

原則上焚風現象一年四季都在山的背風側發生，但日本人對焚風現象最了解的可能是夏季日本海一側平原的高溫。東北季風吹過關東平原、北海道東部等太平洋一側的平原山區，當然會產生焚風現象，但即使氣溫上升，風仍然相當寒冷。此外天氣晴朗、夜間輻射降溫顯著，使得早上更冷，這讓偶爾從太平洋一側吹來的南風顯得暖和得多，所以不被認為是焚風現象。

6 沖積扇

流經丘陵和山地的河流沉積物，堆積在平原谷口，形成中心稍隆起的扇形地貌。在山谷出口附近和中心的堆積物粒徑較大，而粒徑較小的堆積物則在較遠的地方。結果使沖積扇中央部形成排水良好的土地，常用於果園，但不適於水田。

7 沖積土地

它是由河流運送泥沙沉積而形成，地質年代非常新的平坦地。在河流兩岸，洪水時從上游運送的沉積物中，粒徑較大的泥沙堆積形成天然堤壩（略高地）。而在後背腹地（遠離河流的地方）粒徑較小的黏土堆積，成為排水不良的後背溼地（圖 2-4）。

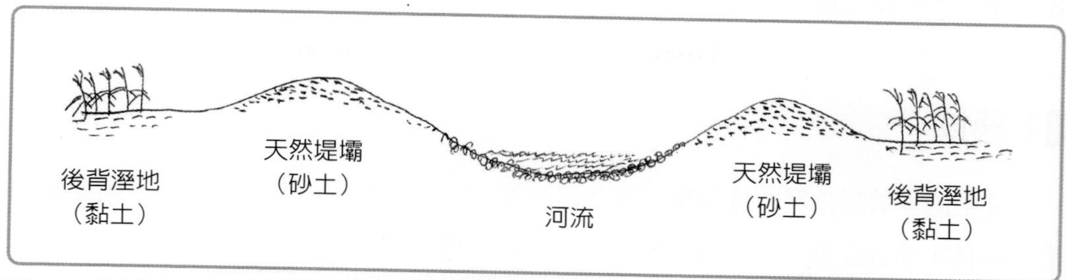

圖 2-4　**河流中、下流域的天然堤壩和氾濫原的後背溼地**

8 階地

由於河流和海浪的沖刷（剖開）以及陸地的隆起或海平面的退縮，形成了階梯狀的斜坡。在河流的情況下稱為河階地，在海岸的情況下稱為海岸階地。流經臺地的河流兩岸常有河階地（圖 2-5）。

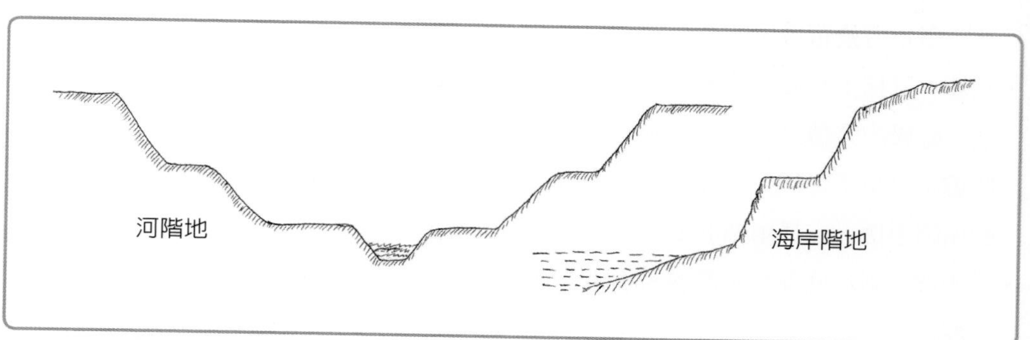

圖 2-5　**河階地和海岸階地**

9 稜線

山脈的背稱為山稜線或山脊。山稜線作為分水嶺，沿稜線的天氣經常變化很大，因此土壤和植被不同的情況十分常見。如果山脊線向東西方向延伸，北面和南面接受完全不同的陽光和風，所以植被往往不同。而由於土壤溫度、結凍和積雪覆蓋的狀況也不相同，所以土壤傳染病的類型和發生頻率自然也可能不同。

10 懸崖

陡峭的斜坡稱爲懸崖或峭壁。樹木可以單獨存在，但由於土壤不穩定，因此難以形成森林，而且在經常發生落石的懸崖上，連單棵樹木都很難存在。懸崖上的樹的根會在岩石之間的裂縫中生長。

11 坡

在土地傾斜的地方，那部分被稱爲斜坡。斜坡可分爲三種基本形式：凸坡、凹坡和平衡坡，根據降雨順坡流動的情況，又分爲集水坡、散水坡和平衡坡。然而，實際的斜坡往往都非常複雜且充滿起伏。斜坡朝向的方位會影響白天的氣溫，在北半球，朝南的山坡在白天會比較暖和，所以雪融化得較早，而朝北的山坡即使在白天也較冷，所以雪殘留得比較久。

- 凸坡：又稱上升坡，抗重力侵蝕能力較強的地質上更容易形成。土壤趨於發育殘幹型。乾燥的殘積土更容易形成。
- 凹坡：又稱下降坡，越往坡底越平緩。斜坡的下部覆蓋著由上部掉落的堆積物組成的塌陷土壤，在暴雨期間很容易發生土石流。
- 平衡坡：斜坡底部比頂部容易積水溼性。雖然底部溼性的崩積土發達，但堆積得不太厚。

12 埋立地、圩田等

人工創造的土地，以水中抽取土砂或建築餘土塡水體的埋立地（塡海土地），用堤壩或其他方式堵住淺海，再排乾水的圩田（圍海造田），以及挖山或塡山，使土地平坦。

2.2 形成地形的因素

1 斷層

斷層是地層或基岩因受強力作用而裂開，地層或基岩沿斷裂處滑動的狀態。基本上可分為三種，正斷層、逆斷層和平移斷層（圖 2-6）。

活動斷層是指直到最近（在地質學上，約 1 萬年左右）仍然反覆地殼運動，雖然目前沒有活動，但將來可能變得活躍的斷層。大型斷層可能形成山谷和山脊。實際上，很難區分活動斷層和不再活動的死斷層。大規模的斷層是由板塊碰撞、沉陷等累積應變生成的。

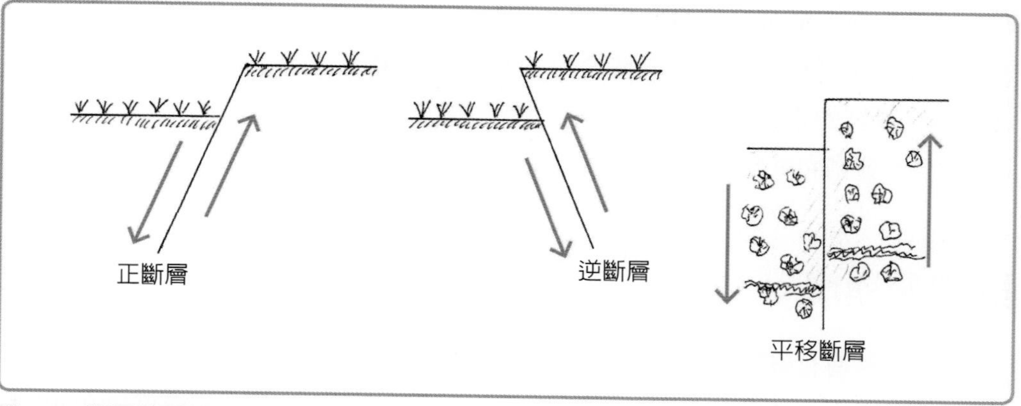

圖 2-6　斷層的種類

2 斜面土體崩壞

斜坡上，部分的土壤和地表地質在地表以下約 0.5～2 m 的深度出現崩壞時，稱為表層崩壞。而發生的崩壞在更深處時，則稱為深層崩壞。根據深度來區分，土木工程中，深度在 5 m 範圍內的稱為表層崩壞，超過這個深度則稱為深層崩壞。

3 地滑

地滑是斜面崩壞的一種。不透水層的位置比樹木發達的根系還要更深，因此大量降雨時，會在不透水層上形成厚厚的水層，使摩擦阻力降低，導致整個坡面上發生下滑現象（圖 2-7）稱爲地滑，這與地質構造有密切相關。一個地方是否屬於滑坡地帶，取決於表層地質、坡底有無泉水，以及樹木的種類、形態、林道裂縫、植被等綜合判斷，通常可提前預測和可視化。滑坡通常在具有豐富的水分條件，土壤空氣中也含有豐富的氧氣，因此在杉木林較常見。

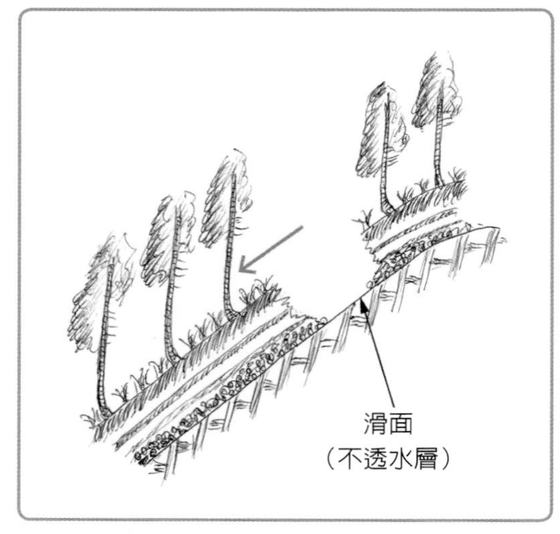

圖 2-7　**地滑**

4 深層崩壞

當山區深層有堅硬的基岩成爲不透水層，集中豪雨或大量降雨落在那個不透水層上，過多的積水會產生巨大的浮力，使不透水層上的岩盤和地層一起滑落，致使山體崩塌。2009 年 8 月，臺灣南部高雄縣小林村（現今高雄市小林里），因 8 號颱風（莫拉克颱風）的暴雨導致大規模深層山體崩塌，約造成 500 人死亡。山體崩塌一詞有時也會用來指由於火山噴發或地震，導致脆弱的山體的一部分崩塌，引發「岩屑堆」的現象。

5 土石流

指暴雨等大量雨水集中在山谷中，連同從山坡上崩塌的泥沙一次性流到谷底的現象，往往會破壞山谷中的植被。被土石流沖下來的浮木可能會填滿了大壩、湖泊和防侵蝕水壩，當漂流木阻塞在河流的橋墩和橋梁上時，則會成爲洪水的原因之一。在土石流頻繁發生的山谷中，常有由白樺、歐洲山楊、日本榿木等早生陽性的落葉闊葉樹種組成的林分。

6 土壤侵蝕

(1) 風蝕

風蝕是指由強風吹動地表的小土粒所造成的片狀侵蝕（地表的薄層侵蝕）。因植生被破壞而地面裸露地區及旱田作物收割後的風蝕現象較嚴重。歐亞大陸乾旱地區，植被發芽之前的冬季和早春，黃砂是由於強風帶過海的細小黏土和淤泥而形成（在中國稱爲風沙）。

11月至3月的旱季，從撒哈拉沙漠吹起的細小黏土和淤泥，被運送到遠至中南美洲和北美洲。這熱風沙暴稱爲 Harmattan。由於強風的影響，靠近地表滾動的沙子和礫石在相互碰撞或與其他物體碰撞時，往往會被打散並高高飛揚。

(2) 水蝕

雨水衝擊和地表徑流對地表土壤的沖刷，主要發生在山坡上。可分爲面蝕、濺蝕（雨裂侵蝕）和溝蝕（溝狀侵蝕）（圖 2-8）。實際上在斜坡可能會綜合發生這三種侵蝕。

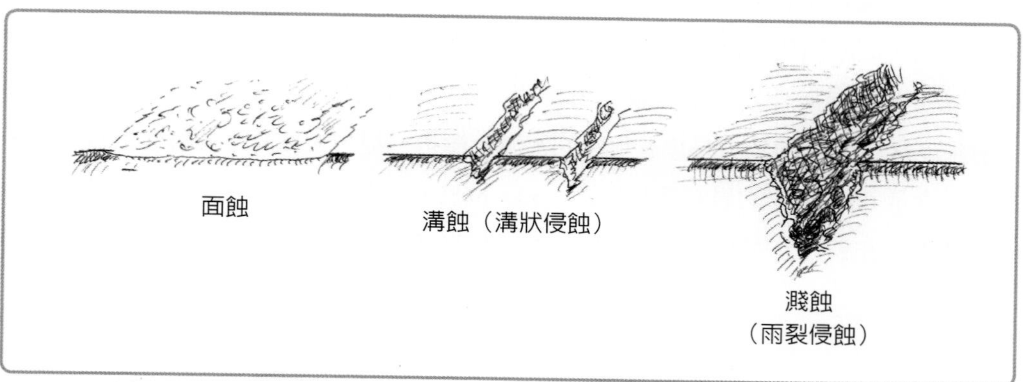

圖 2-8　土壤雨水的侵蝕

(3) 崩落

斜坡上的表土和岩石由於重力作用而坍塌和掉落的現象。

(4) 堆積

這是一種由侵蝕和崩塌帶來的土壤顆粒和沙石堆積的現象，一般來說，離侵蝕地點越遠，顆粒越細。

2.3 地質．岩石

1 地質

地質是指構成地殼的岩石和地層的性質和結構，不包括最上面的表層土壤。它是根據其成因、年代、硬度、成分等進行分類。地表地質圖表示的是地表垂直向下到幾十 m 深度的地質，可以由地質橫斷面呈現。但正是這幾 m 深度的地表地質直接影響著植物的生長。

2 地表地質

靠近地表的淺層地質稱為地表地質。雖然到多深並沒有被定義，但通常是距離地面幾十 m 的範圍。首先地表地質分為固結和未固結兩種，未固結代表是泥（黏土）、砂、礫石，固結則代表是岩石類。地表地質對土壤的形成和性質有著巨大的影響，例如：如果母岩是酸性岩，土壤會相對貧瘠，作物產量低；如果母岩是鹼性岩，土壤往往肥沃，因此對植物生長也有很大的影響。順帶一提，火成岩中矽酸（二氧化矽，SiO_2）含量 66% 以上的岩石為酸性岩，52～66% 為中性岩，42～52% 為鹼性岩。

酸性岩和鹼性岩與水和土壤的酸鹼度沒有直接關係。

3 石灰岩

石灰石是一種主要由珊瑚、貝類等生物化石組成的岩石。石灰岩的主要成分是碳酸鈣，但加入鹽酸會發生下列反應。

$CaCO_3 + 2HCl \rightarrow CaCl_2 + H_2CO_3$　　　　$H_2CO_3 \rightarrow H_2O + CO_2$

由於二氧化碳是氣體，所以會產生泡沫，並產生水，而且似乎會溶解。在石灰岩高原和石灰岩山脈上可以看到特有的植物群。

4 火成岩

火成岩大致可分爲三種，岩漿從火山噴發到地表並迅速冷卻時形成的火山岩；在地表附近相對較淺的地方凝固的半深成岩；以及在地表深處逐漸冷卻凝固的深成岩。不僅僅是火成岩，大多數岩石的主要成分是矽酸（二氧化矽，SiO_2），和鋁、鐵、鎂、鈣、鈉與其他成分的比例以及結晶程度錯綜複雜地結合在一起，形成各種岩石。

(1) 火山岩和火山灰

由於火山岩短時間就冷卻和凝固，因此不像深成岩那樣形成晶體。火山岩破碎成小礫石、沙子和粉砂，並被噴出成爲火山灰落下。火山灰的性質在很大程度上取決於原始岩漿的性質，大致可分爲起源於流紋岩等的酸性岩漿，起源於安山岩等的中性岩漿，和起源於玄武岩等的鹼性岩漿。因此，岩石性質不同，形成的土壤性質也不同。一般而言，來自酸性岩石的土壤通常被認爲是貧瘠的，而來自鹼性岩石的土壤被認爲是肥沃的。然而，即使噴出物來自同一個火山，岩漿的性質也可能因時代而異，噴射物的性質就可能會有所不同。

(2) 深成岩

岩漿在地下深處緩慢冷卻和凝固成岩石，形成巨大結晶。不同結晶種類具有不同的熱膨脹率，因此當深成岩到地表時，由於溫度差異和陽光直射的熱量，容易受到物理風化的影響。深成岩風化形成的未成熟土壤往往呈粗粒狀。大致分爲來自酸性岩漿的花崗岩、來自中性岩漿的閃長岩和來自鹼性岩漿的輝綠岩。

5 變質岩

岩石透過暴露在高溫、高壓等條件下而發生改變的過程稱爲變質作用。變質岩是部分或全部被變質作用改變的岩石。地殼運動將岩石推向或扭曲到地下深處，使其受到強大的壓力和高溫的影響，從而改變其成分，形成新的礦石。特別是當火成岩漿被侵入時，由於溫度和壓力的變化，會產生新的礦物和組織。變質岩包括榴輝岩、角岩、大理石和矽卡岩等種類。

6 堆積岩

黏土、淤泥、沙子、礫石等在堆積作用下堆積起來，隨著堆積物的進一步疊加，被來自上方的強力壓實而鞏固和硬化後形成的岩石。可分爲水成岩和風成岩。堆積物按粒徑分爲泥岩（黏土岩）、粉砂岩、砂岩和礫岩。相對較新的堆積物往往是軟的和半凝固的。頁岩輝石是黏土岩透過強烈的壓實作用被固結成薄而片狀的岩石。頁岩通常含有化石。白堊岩是由富含矽酸鹽的海洋浮游生物（如矽藻和放射蟲）的遺骸堆積和凝固的岩石，並在海底的海洋板塊上形成。

2.4 地質和土壤的形成

土壤的母岩分爲三種，火成岩、沉積岩和變質岩；火成岩分爲岩漿在深處逐漸冷卻凝固的深成岩、在噴發過程中迅速冷卻凝固的火山岩，以及介於兩者之間的半深成岩；沉積岩分爲水成岩和風成岩；變質岩分爲接觸變質岩、區域變質岩和動力變質岩。

1 火山岩和土壤

由於火山岩是快速冷卻凝固而成，因此不形成結晶，在水蒸氣和氣體釋放後會有空隙。典型的例子是浮岩（浮石）。深成岩隨著逐漸冷卻和硬化，結晶結構逐漸形成，但卻是很少有空隙的堅硬岩石。以下根據其二氧化矽（SiO_2）的重量含量進行分類，而風化後形成的土壤性質會有很大的差異。

- 酸性岩：66% 以上，平均約 70%。深：花崗岩，半：花崗岩斑紋岩，火：流紋岩。
- 中性岩：52～66%，平均約 60%。深：閃長岩，半：斑岩，火：安山岩。
- 基性岩：45～52%，平均約 50%。深：輝長岩，半：輝綠岩，火：玄武岩。
- 超鹽基性岩：低於 45%，平均約 40%。深：橄欖岩。

2 沉積岩和土壤

沉積岩根據主要母岩的風化程度分類如下：

- 碎屑沉積岩

  細碎屑顆粒：頁岩、泥岩（黏土岩）。

  中碎屑顆粒：粉砂岩、砂岩。

  粗碎屑顆粒：礫岩。

- 化學與生物沉積岩

  以碳酸鹽為主：石灰石、白雲岩。

  矽酸：石英岩。

  鐵、鋁質：鋁土礦。

  水溶性鹽類：岩鹽。

  碳質：煤。

- 火山堆積岩

  細顆粒：凝灰質泥岩（來自火山灰）。

  中顆粒：凝灰質砂岩（來自火山灰）。

  粗顆粒：火山角礫岩。

3 變質岩和土壤

變質岩大致可分爲以下幾類。這些岩石根據其成分等進一步細分，岩石的化學成分、風化程度、生成的地形位置及土壤形態，都對植物生長有重大影響，例如：石灰岩和蛇紋岩（由橄欖岩和其他岩石變質產生）等超鹽基性岩石分布的地區，土壤趨於鹼性，有其他地區所沒有的獨特植物。

(1) 廣域變質岩

由地層堆積物在高溫高壓下被埋入地下深處，然後受到造山運動引起的變形運動而生成。一般來說，來自泥質岩的廣域變質岩，是由變質溫度的升高和再結晶作用，而按照板岩→千枚岩→片岩→片麻岩的順序發生變化。

- 片麻岩：中至粗顆粒，與花崗岩相似。具有片麻岩（條紋）結構。如黑雲母片麻岩、眼球片麻岩等等。
- 結晶片岩：有片理構造（岩石結構中，礦物以針狀、柱狀或板狀的形式，按一定方向排列）。廣域變質岩中最常見。
- 千枚岩：細顆粒、片狀的結晶結構。變質的程度介於片岩和板岩之間。
- 板岩：細顆粒，裂隙多（結晶平行於特定的平面分裂）。

(2) 接觸變質岩

也稱熱變質岩。在高溫岩漿灌入形成火成岩時，周圍的岩石受到那個熱所影響而形成。

- 角岩：具有細粒至中粒的等粒結構，沒有片理或裂隙，是不定向變質岩的總稱。通常是在泥質堆積岩發生接觸變質作用時形成的（即當侵入岩的熱量將接觸的岩石變爲具有不同性質的岩石時）。通常含有大量黑雲母。
- 大理石：石灰岩發生接觸變質作用時形成。

(3) 動力變質岩

主要由物理性壓碎形成的變質岩。

- 糜稜岩：也稱爲磨變岩。岩石組成礦物在高密封壓力下破碎成細粒而形成凝聚性強的變質岩。

Column 2

大理石

因產自於中國雲南省西部的大理府而得名。大理石是一種由石灰岩形成的岩石，經過接觸變質作用，重新結晶為粗粒方解石和白雲石結晶的集合體。當由純石灰岩或碳酸鈣組成時為白色，但根據其包含的材料種類，可以呈現各種顏色。通常會包含海洋生物的化石，有些人會將大理石製成的建築物作為對象研究化石。在降雨量少的地區，它是一種很好的建築和雕塑材料，但在歐洲有一段時間，人們擔心酸雨會融化露天雕塑。

2.5 地形和樹木的生長

1 岩石和樹木的生長

土壤的母岩種類對於形成土壤和植物的生長有很大影響，岩盤的裂縫和岩石的破碎方式（稱爲節理）也會影響樹木的生長。如果岩盤上的裂縫很深，水可以滲透到岩盤中的話，根系就會向裂縫深處生長，表現出旺盛的生長力。但如果岩盤上的裂縫很少，根系就會沿著土壤和岩盤界面爬行，如果覆蓋岩盤的土壤很淺，根系就會像碗缽一樣淺，樹木生長也會極爲緩慢。棲地條件良好時，樹高可以達到 30 m 以上的錐栗屬、青剛櫟屬和橡樹類等殼斗科樹木，在這種棲地的話，可能只能達到 20 m，甚至更低。

成長量也取決於岩盤岩石的組成。生長在鉀、鎂、鈣等營養鹽類、鹼金屬和鹼土金屬含量低的岩石上的樹木，如風化花崗岩這種典型的酸性岩，一般會生長緩慢，高度低；而生長在風化玄武岩和火山灰這種典型的鹼性岩石上的樹木，一般會生長良好。

經常可見在山谷的一側斜坡上有水湧出，但在對側的斜坡上卻完全沒有，在這種情況下，樹木的生長和植被狀況往往是不同的。這是因爲地層的方向和傾斜角度決定了地下水的流動方向（圖 2-9），這也是判斷樹木生長好壞的重要因素之一。

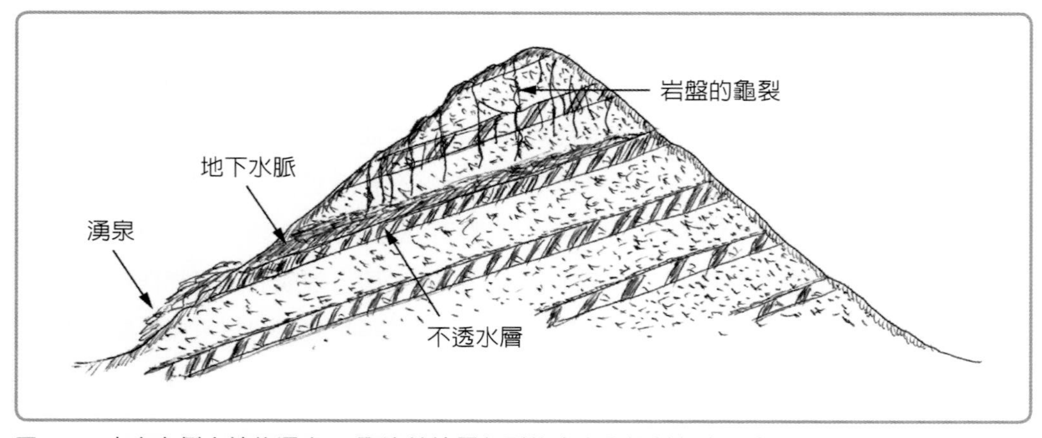

圖 2-9　**來自左側山坡的湧泉，取決於地層龜裂的方向和傾斜角度（走向）**

2 地形和樹木生長

由於溫度、降水、風速、雲（霧）以及其他氣候條件和土壤條件，在同一座山的高海拔和低海拔有所差異，因此樹木的生長和分布也會隨海拔而變化。此外，日照時間、土壤乾燥度、季節性風向和強度、霜凍和凍害的頻率以及雪覆蓋的時間，也會因斜坡的方向而不同，如朝北或朝南的斜坡。再來，日照時間、風速和溼度也因坡度及位在山脊、山坡還是山谷而不同。這些差異導致植物種類和生長條件的不同。在晴朗無風的夜晚，由於輻射冷卻導致冷空氣停滯，會因地勢是山谷還是山坡而不同。沒有坡度的平坦地形和輕微窪地有較高溼度，輻射冷卻時，容易使冷空氣滯留。當河堤因公路或鐵路建設而建成時，河堤兩邊或在河堤的山側，如果是傾斜，類似窪地的地形條件，且天氣晴朗無風時，冷空氣會在夜間停滯。如果冷空氣滯留發生在晚秋或早春，則容易發生霜害。靠近北部界限的地區，通常很難在窪地或山谷中種植柑橘和山毛櫸，只有朝南的山坡才有機會，因為山谷中容易積霜。

如果海拔和坡度有微小變化，對樹木的生長也有很大影響。天氣晴朗無風的晚上時，冷空氣容易聚集在窪地，但在天氣還不是很冷的季節，輻射冷卻時，會在窪地停留並結露，由於汽化熱的釋放，空氣被加熱並上升，接著周圍的冷空氣進入，也會凝結並上升，如果這個過程反覆進行，將在一夜之間為窪地提供相當數量的水。這就是爲什麼在非洲沙漠化地區植樹時，要沿著等高線挖出圓形或半月形的缽狀窪地或溝渠，並在底部植樹的原因之一（圖 2-10）。

在寒冷地區的湖泊和沼澤周圍生長的樹木中觀察到，春季發芽的時間根據樹木在湖泊水面以上的高度而不同，高處的樹木發芽較早，而沿湖岸生長的樹木發芽較晚。這被認爲與土壤水分濃度有關，高處的水分含量比水邊低，導致早春的土壤溫度上升較早，根系活動開始也較早。

海拔對植物的生長有很大的影響，根據海拔高度對林帶劃分如下：

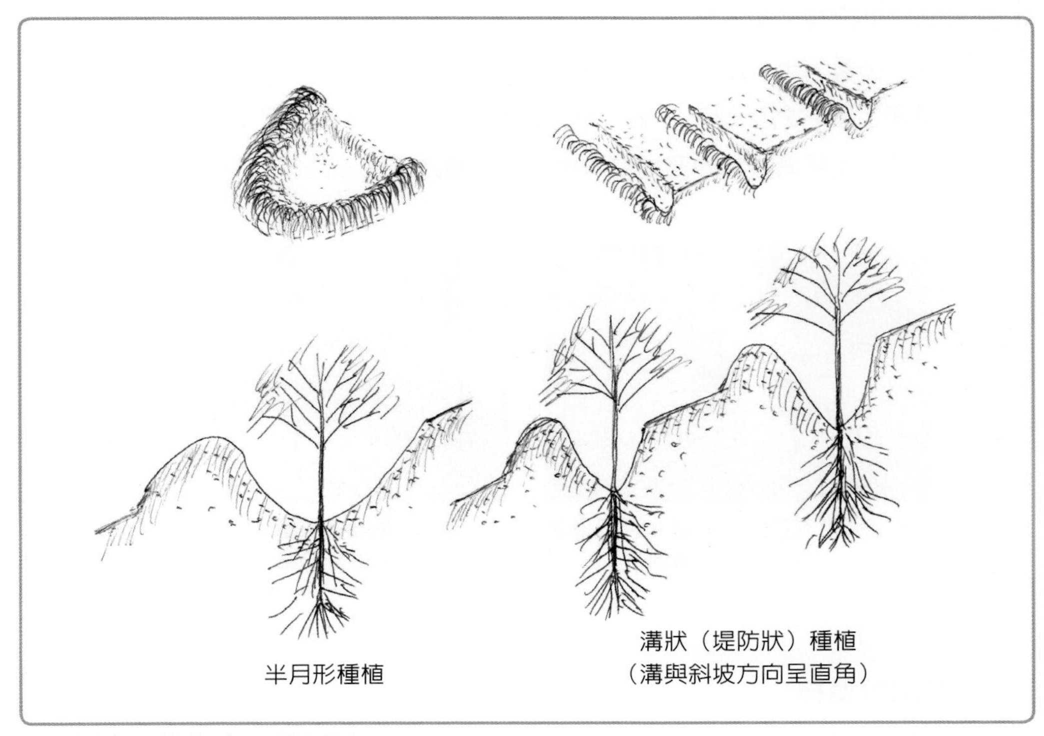

圖 2-10　沙漠化地區的植樹方法

(1) 高山低木林

高山的低木林的特性：在靠近山脊線的地方有高大的松樹林，在經常發生地表水土流失和雪崩的地方有絨毛樺樹和日本白樺樹林，在富士山上有落葉松灌木林，在山區的高降雪地區有深山楢灌木林和伽羅木灌木林。這樣的灌木林有時也會在低海拔的風口地區也有發現。

Column 3

非洲乾旱地區的造林方法

在西非的乾旱地區，如薩赫勒地區，會在砂質土壤中挖出半月形的洞，並在這些洞的底部以深植樹苗。這種方法在法語中稱為 Demi Lune（半月）。當無風晴朗的夜晚，發生強烈的輻射冷卻時，冷空氣在洞的底部積聚、凝結，為根部提供少量的水。此外，從斜坡上面流下來的沙子會聚集在洞裡，讓樹苗被種得更深，使它們更耐旱。另一種大規模的方法是沿等高線挖幾排約 50 cm 深的長溝，並將溝邊的沙石堆積成堤狀。這種方法在法語中稱為 Banque。

照片 2-1　**衣索比亞山區，用石頭圍成半月形的植穴**

照片 2-2　**尼日在建設乾燥地時使用的 Banque**

(2) 亞高山針葉林

以雲杉和冷杉爲主的常綠針葉林（北海道的卵果魚鱗雲杉、赤蝦夷松和庫頁冷杉，以及本州南部的雲杉、大白時冷杉、白葉冷杉和日光冷杉）是優勢性的常綠針葉樹林，在本州、四國和九州的乾燥地區與赤松混雜，在本州中部與落葉松混，有時也會形成純林。

(3) 山地林

在日本，對應著冷溫帶落葉闊葉林區的樹林有山毛櫸林和水楢林等，但在許多地方對應著的是日本柳杉和日本扁柏的人工林。

(4) 低山林和平地林

在溫暖的氣候條件下，青剛櫟屬和錐栗屬等的照葉樹爲主的常綠闊葉林占多數。在人爲影響較強的地區則是枹櫟和麻櫟林、千斤榆林、日本柳杉和日本扁柏林。這是所謂的「里山」。

(5) 河岸和沼澤森林

偶爾有洪水的河岸，植被不安定會以柳樹爲主，而在持續潮溼的地區以日本榿木爲主，發展出沼澤林。然而，當溼地持續受人爲影響強烈時，往往會發展出蘆葦原而不是森林。從以前爲茅草屋頂等資材提供的蘆葦草原不會變成森林，而是長期保持溼潤的草地。欅樹是公園和綠地中非常常見的樹種，在通氣性和滲透性差的人工土壤環境中生長良好。在野外，有時受到洪水和土石流侵擾的溪畔林也會野生存在。

(6) 海岸林

海岸林因爲經常受到強烈海風的影響，以耐鹽植物居多。特別在砂丘上，飛砂的衝擊力傷害了莖和葉，而鹽會透過這些傷口進入植物體內造成鹽害。因此，具有厚厚的角質層和毛狀體的樹木才可以抵抗飛砂的衝擊，並在海岸的前線形成森林。在北海道，有槲樹和水楢林以及赤蝦夷松林；在本州的東北地區北部，有赤松林和人工黑松林。在東北地區的中部和南部，有錐栗、紅楠等等的照葉林和人工黑松林。在南西群島，有小笠原露兜樹和紅樹林，以及琉球松、小葉南洋杉和木麻黃的人工林。

3

土壤的分類

3.1 土壤和樹木的生長

土壤是基於氣候、天氣、地形、地質、植被、土壤動物和土壤微生物之間長期複雜的相互關係，形成區域性特有的土壤。因此，儘管在不同地方不會形成完全相同的土壤，但是類似的環境條件下形成的土壤有可能很相似，特別是氣候條件影響很大。因此可以進行類型的區分。植物生育狀態也會因土壤類型及其厚度而不同。

日本土壤分類於後段敘述，但一般來說，灰化土傾向於強酸性、貧瘠而有使樹木生長緩慢的傾向，唐檜和日本冷杉的針葉林較容易長成。在日本，灰化土的枯枝落葉腐質化因此需要較多時間，是北海道山區雲杉和冷杉的針葉林中典型的土壤。這種闊葉林和針葉林之間的差異，是腐植質對土壤影響進而造成林相差異的案例。

在強風、排水良好的山脊上的乾燥褐色森林土壤中，具有高抗旱性的物種較爲合適，如赤松。雖然比不上赤松耐旱度，但日本扁柏比日本柳杉更耐旱，適合種植在弱乾性褐色森林土壤到適潤性褐色森林土壤（偏乾亞型）中，而需水量多的日本柳杉，適合種植在適潤性～弱溼性褐色森林土壤。

據觀察，樟樹和欅木等需水量大的闊葉樹，在沖積低地區，地面略微隆起的天然堤防的土壤上，生長極爲良好。桉樹分布在澳洲相當乾燥的地區，對水的需求卻出奇的高；而雪松則分布在尼泊爾到阿富汗的乾旱山區排水良好的山谷中，過溼會導致根系發育不全，使其難以抵抗颱風和其他強風，導致樹幹斷裂和根部掀起倒伏。水田和山谷的根系往往很淺，所以這類樹種通常生長在土層深厚、根系發達的地區，如洪積臺地，使樹木不容易被倒伏，生長成巨大的樹木。

Column 4

桉樹造林

在非洲的乾燥和半乾燥地區，為了生產柴火和藥品，大面積種植原產於澳洲的桉樹。桉樹生長旺盛，從根部吸收了極大量的水，造林的目的之一是為了利用降低沼澤地區的地下水位來控制瘧疾蚊子的繁殖。雖然它能耐旱，但對水的要求很高，適合沿著有底層水、地下水位較高、土壤含水量高的乾谷地區種植。筆者曾在尼日首都尼阿美近郊的尼日川沿岸看到一個由世界銀行資助的種植園，該種植園是用尼日川的灌溉水種植，當項目期間一過，灌溉系統無人修護，樹木就開始衰退。

在日本昭和 30 年代時，桉樹十分盛行被用來造林。在早期育成林業的名義下試種了各種生長快速的樹種，並在關東地區以西的各地種植了桉樹，目的是為了確保紙漿資源。然而，桉樹經常容易因颱風和下雪而導致樹幹、枝斷裂；而颱風來襲時，則會倒伏。樹木倒伏的地區多是土壤極淺的山區，因此根系也很淺。而在土壤厚實的關東黃土高原，經常發生的是樹枝斷裂的情況，不太會倒伏，所以到現在大桉樹仍在那裡生長。

照片 3-1　**桉樹造林以尼日河作為灌溉水**

3.2　土壤和母岩

爲土壤生成過程中，形成的土層材料的非固結物質（主要爲砂和細礫，但也包括大礫石），由經歷化學風化的礦物組成，稱爲 C 層，是殘置性土壤的母岩。母岩一般分類如下：

- **非固結的火成岩**：火山岩、火山碎屑物、火碎流堆積物、火山礫、浮石和火山渣（一種火山碎屑物，黑色、多孔的岩石碎片）、火山灰等。

- 固結的火成岩：集塊岩（塊狀火成岩的總稱，是現在不常用的術語）、流紋岩、安山岩、斑岩、花崗岩、玄武岩、閃長岩、輝綠岩、輝長岩、橄欖岩等。統稱爲火山堆積岩。
- 非固結的堆積物：礫石、砂、粉砂、泥、錐崖堆積物和土石流堆積物。
- 固結堆積岩：礫岩、砂岩、泥岩、凝灰岩（凝灰岩主要是風積或水積後凝固而成的火山性的東西，根據其形成過程被列爲沉積岩）、頁岩、板岩等。
- 半固結和固結的堆積岩：礫岩、砂岩、粉砂岩、泥岩、石灰岩等。
- 變質岩：角岩、黑矽石、石英岩、矽卡岩、結晶片岩、片麻岩、角閃岩等。
- 植物殘體：高位泥炭、中間泥炭、低位泥炭等等。

土壤的特性和母岩之間的關係沒有明確的法則，而母岩的礦物部分來自於土壤，因此確實會存在一些傾向。從特徵上來說，母岩和土壤的關係能以火山灰、洪積層、酸性岩和超鹽基性岩作爲案例介紹。

1 火山灰

火山灰的成分因噴出源和噴發時間不同而有很大差異，即使是同一個噴出源，如果噴發時間不同的話成分也會不同。然而，通常包含的礦物主要是火山玻璃和斜長石，而紫蘇輝石（柱狀結晶，常見於安山岩和石英安山岩中的斑紋晶體）、角閃石等鹼基性礦物較少見。

火山灰受到風化作用後通常會形成一種黏土礦物，鋁英石。鋁英石常見於溫泉、地下水堆積物、火山岩和火山碎屑岩風化形成的土壤。富含游離氧化鐵、氧化鋁和矽酸的非晶質礦物，富含鋁英石的土壤容易生長對過量活性鋁有高度耐受的植物。這類植物的典型代表是芒草、根笹和虎杖等等。火山灰容易堆積在平坦地和緩坡上的輕微凹陷處，對於富含黏土的火山灰來說，潮溼的條件符合其物理特性。在乾燥的根笹群和白背芒群那類的禾本科草本群落中的話，由於有機物產量高，在土壤中變得容易積累腐植質。腐植質具有負電荷，與土壤中帶正電荷的游離鋁形成「有機物—鋁複合物」。土壤中的微生物需要很長的時間才能完全分解有機物—鋁複合物。

因此，大量細粒化成膠體狀態的有機質持續供給土壤，使腐植質漸漸增加。此外，有機物含量高的火山灰土壤比其他土壤含有更多的土壤微生物，特別是放線菌的比例較多。再者，在略微過溼的環境中，有機物的分解會受到阻礙，因此就增加了土壤中的有機物量。禾本科和莎草科植物中特有的植矽體（圖 3-1）在土壤中含量與土壤有機物量之間有極高的相關性。此外，火山灰土壤的有機層呈現黑色，產生黑土最大成因是由於自燃和人爲野火頻繁發生，長期造成大量微細碳素而成。

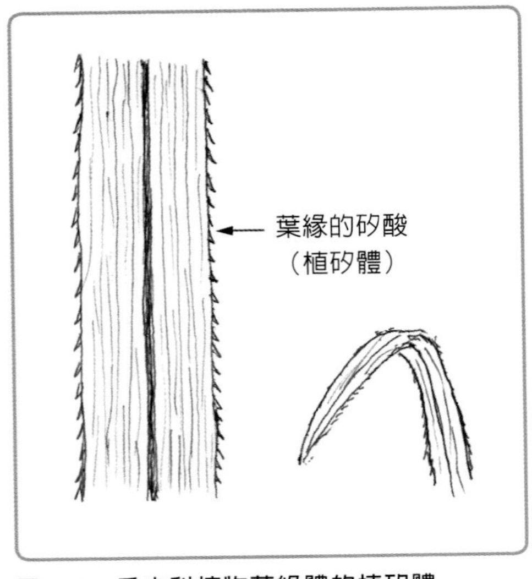

圖 3-1　禾本科植物葉綠體的植矽體

上述情況是富含腐植質的黑土在火山灰土壤中形成的原因，但仍有許多未知之處。主要生長木本植物的森林也提供了大量的有機物，但在降雨量豐富的日本，自燃的野火極爲罕見。比起膠質化的細微腐植質，被染色的土壤表層（A 層）較厚，而細微的炭染色較少，顏色呈褐色至深褐色，而不是黑色。在日本的氣候條件下，植被多爲森林，大面積草原的出現需要火山爆發、洪水破壞、雷擊引起的野火等因素，使植被長期停止演替或停滯（稱爲次生演替）是必要的，而這種事不太可能大規模地自然發生。因此，牛馬放牧和維護牧草場而焚燒等人爲因素被認爲是由日本火山灰起源的黑土形成的主要方式。在關東土壤層中有名的武藏野臺地，據說曾有大片的芒草草原，這在《萬葉集》中有所提及。

2 洪積層

洪積層是指在洪積世（相當於現在地質年代分類中的更新世）堆積的地質構造，在日本，大河的中下游形成臺地較多。現代這些地區大多是農地或都市，很少有森林。洪積層大多是數萬年前因水力堆積，由被水沖走後留下的物質組成，通常被認爲營養貧乏。在這一層中，黑土形成於火山灰影響強烈的地方，而紅色系和黃色系土壤則在沒有火山灰影響的地方更爲常見。然而，在九州以北，紅土和黃土被認爲不是在現今的土壤形成條件下形成的，而是在比現在溫暖的第四紀更新世（第四紀前期）期間，透過紅土化而變紅或變黃的。

新生代的地質分類如下：

• 古第三紀

古新世：6,500 萬年前～5,600 萬年前。

始新世：5,600 萬年前～3,400 萬年前。

Column 5

洪積世（更新世）

洪積世的意思是「洪積層的地層堆積的時期」，這個詞在國際上已不再使用，而是由更新世這個名字取代。洪積世這個名字來自於一種信念，即這些堆積物是在《舊約聖經》中諾亞方舟的大洪水時代所沉積，這在巴比倫的《吉爾伽美什史詩》中有描述，諾亞方舟的傳說被認為是在西元前 2,000 年左右建立的。在北歐的冰川沉積物就被認為是在那個時期所堆積，而冰川堆積物被稱為洪積層。英國地質學家查爾斯・萊爾（進化論中很有名的 C. 達爾文的好友）將包含現代生物種的地質命名為更新世，而更新世就由此開始。

漸新世：3,400 萬年前～2,400 萬年前。

• 新近紀

中新世：2,400 萬年前～500 萬年前。

上新世：500 萬年前～180 萬年前。

• 第四紀

更新世：180 萬年前～1 萬年前。

全新世：1 萬年前～現代。

3 酸性岩

如前所述，酸性岩中的酸性與水或土壤的酸鹼度沒有直接關係，而是指岩石化學成分中矽酸含量超過 2/3 重量的火成岩。矽酸含量高，導致鹼金屬和鹼土金屬的比例小，風化後容易形成酸性土壤。酸性岩包括火山岩，如流紋岩和深成岩（岩漿滲透到地殼裂縫中形成的火成岩，如深成岩和半深成岩），而深成岩又包括斑岩和花崗岩。由這些岩石風化形成的土壤通常是淺色且營養貧乏。此外，基於這些岩石的母岩和基於其他岩石的母岩相比，後者更容易生成灰化土（乾性灰化土和溼性灰化土）。而一些砂岩和泥岩也有類似的傾向，因爲它們在水中沉積時含有硫（S），當暴露於土壤表面接觸空氣（氧氣）時會形成硫酸（H_2SO_4）。

4 超鹽基性岩

超鹽基性岩是矽酸含量低於約 42%（重量比）的岩石，包括橄欖岩、斜長岩和蛇紋岩等等。這些岩石中有富含鎂（Mg）和鐵（Fe），有些還含有鉻（Cr）等大量的重金屬。這些岩石的風化後形成了富含鎂和鐵的土壤，同時在土壤轉化過程中，難以被沖刷掉的重金屬和鐵也被留下了。因此，以這些母岩爲基礎的土壤，由於氧化鐵含量高，往往呈紅色。與後續討論的暗紅色土壤的超鹽基性岩密切相關。事實表明，源自蛇紋岩的暗紅色土壤會因某些金屬元素（鎂和鉻）的含量多寡而使植物受到生長障礙。在日本有中間構造線〔從日本西南部延伸到中部地區南部的巨大斷層線，從熊本縣的八代延續到四國北部、紀伊半島、赤石山脈西部和諏訪湖。在日本西南部，分成內部區域和外部區域。內部區在中央構造線的北側（大陸側），以花崗岩爲主；外部區在南側（太平洋側），以來自海洋底部的黑矽岩和變質岩爲主〕，沿線分布著蛇紋岩和輝綠岩等超鹽基性岩。特別是愛知縣的東三河地方的蛇紋岩地帶，在那裡有小葉黃楊和松樹的矮小疏林（有些森林有 70 年的歷史，只有 4 m 高）等，其特別的植被與其他地帶有明顯區別。矮林的原因尚不清楚，但土壤中有高含量鉻、鎳（Ni）和鈷（Co）被認爲是原因之一。穩定地形上的土壤通常呈暗紅色，在那之中磁鐵礦（Fe_3O_4）—鎂鉻礦（$MgCr_2O_4$）—鉻鐵礦〔磁鐵礦和鎂鉻礦（Fe, Mg）Cr_2O_4的混合物〕

系列的礦物以細砂狀般的碎片大量存在，因此可以推測這些顆粒的風化作用會將大部分重金屬釋放到土壤中，對植物造成重金屬傷害，而能在這種地方生長的植物被認爲是耐重金屬的種類。

Column 6

石棉開採區的造林

多年前，我們觀察到在日本北海道蛇紋岩區的石棉開採區的綠化案例。蛇紋石是一種超鹽基性岩，石棉開採區的土壤也呈強鹼性。在種植之前，人們認為耐鹼性的物種，如刺槐、柳樹和楊樹在那裡會有良好的表現，但結果卻不同，唐松表現最好（但仍然不理想）。其原因尚不清楚，但可能是像唐松極其耐寒和耐旱的樹種，即使在土壤凍結還能不枯萎的活著，就算在石棉開採區的根系生長極差，也能承受得了嚴寒期的強風和乾燥。

3.3 依土壤成因分類

1 顯域土

受溫度和降水等氣候條件影響極強的土壤稱爲顯域土。例如：灰化土在寒冷的針葉林中形成，紅黃色的土壤在熱帶和亞熱帶形成，褐色的森林土壤在冷溫帶到暖溫帶的適潤氣候下形成。

2 隱域土

受氣候和植被以外的因素影響較大的土壤。例如：形成在石灰岩和蛇紋岩區域的特有土壤，形成在火山周圍（由於日本受偏西風的影響，主要在火山的東側）的源自火山灰的黑土，形成在排水不良地區的溼地土壤，人爲影響強烈的地方也會形成像旱田或水田等地方特有的農耕地土壤。

3 泛域土

在因降水侵蝕、崩落或沉積等，土壤不斷受到激烈且持續侵蝕的地方，有一些尚未土壤化的土壤，由於尚未發展到土壤化的程度，因此不被一些研究者承認爲土壤。這樣的土壤被稱爲泛域土。泛域土容易形成獨特的植被，如稀疏的白樺林。

3.4 依土壤堆積方式分類

根據土層的堆積方式，可分爲以下幾類：

1 殘積形成的土壤（殘積土）

當母岩、母材在同一個地方沒有移動，風化而形成。在陡峭地形多的日本，殘積土只存在於上坡和山頂平地，而在擁有廣地平地的大陸，殘積土十分普遍。瓦西里·多庫切夫也將俄羅斯各地的殘積土作爲主要研究對象。

2 運輸而成的土壤（運積土）

土砂由上方落下、乘著水流或強風，移動到下游或下風處沉積形成的土壤。

(1) 重力形成的土壤。

因重力而移動（落下）到下坡，堆積而成的土壤。

- **匍行土**：由土層的上下逐漸相互混合，並從斜坡上往下逐漸移動形成。
- **崩積土**：主要存在於山谷中。斜坡上方因土砂重力而坍塌堆積而成。礫石和砂以未分類的混合物形式堆積。

(2) 水成土

當土砂被水流帶走並沉積在水底時形成，在河流中間流域的下游，沉積物被水流按顆粒大小分類。越往下游，顆粒就越細。

- 海積黏土：沙洲和沙嘴。
- 沖積土：沖積扇、三角洲、河床、天然堤壩、後背溼地。
- 湖沼和沼澤地土壤：由上游攜帶的細小礦物顆粒，與生長在湖岸砂地和沼澤地的植物殘體混合後逐年沉積形成。
- 階地土：形成於土壤被水流或波浪剝蝕的地方。
- 扇形地土壤：形成於山谷和平原的交界處。表層主要爲礫石。

(3) 冰磧土

被冰川沖刷和移動，並在冰川的末端處堆積。在日本很少見。冰磧形成於冰川的末端和兩側，與河流沉積物不同，它並沒有被篩選，是由砂和大小礫石（碎屑物）混合組成。

(4) 風積土

在高空中飛舞的火山灰被風帶走時形成的。在日本主要是受到偏西風的影響下，在火山的東側堆積。在海岸則是海砂因洋流堆積在岸邊，並被海風帶入內陸形成沙丘。如果作爲海砂源頭的河較短，就不會以砂而是圓礫石的形式被帶到海上，形成圓形礫石海岸。在圓形礫石海岸的情況下，不會被風搬運到內陸，所以不是風積形成。

3 聚積土

由於低溫、過溼等原因造成植物殘體沒有分解就堆積在土壤中。主要是泥炭，可分爲高位泥炭、中間泥炭、低位泥炭。低位泥炭是在地下水位極高的條件下產生，主要由蘆葦和薹草類植物組成，爲黑泥狀態。中間泥炭是低位泥炭被木本植物侵入，由其枯枝落葉形成。高位泥炭在涼爽到寒冷的地區很常見，主要由泥炭苔的遺體形成。有機物的分解極其緩慢，因此植物形態往往保持完整。

4 農耕地土

受到人類長期耕作、湛水和施肥影響的土壤，包括水田、旱田、果園和牧場的土壤。根據工作性質，形成土壤特性。

Column 7

水壩湖泊的疏浚堆積物

近年來，在山區修建了無數的防砂壩，在河流上建設了許多水壩的湖泊，減少了排入大海的泥沙量，減少了海灘的沙子供給，導致沙丘逐漸後退，這個現象已經成為一個大問題。解決方案之一是疏浚水壩的湖底，將沉積物均勻地撒在沙灘上。當筆者與衝浪愛好者們交談時，他們告訴筆者，「可以透過顏色和沙粒的排列方式來區分天然沙灘和從水壩湖底挖出的沙子，即使不看，走在那上面就能馬上明白。天然海灘上的沙子沒有稜角，赤腳行走時不會痛，但水壩湖底疏浚的泥沙有稜角，所以會痛。」

5 人造地

通過對地形的挖掘、堆填或對水域填土形成。這些特徵極其不同，很難找到一致的趨勢。在發展的早期階段，許多土壤過於貧瘠、鹽鹼過剩或固結，使樹木無法正常生長。在黏土質地的地方，偶爾也會出現高酸度。土壤類型多種多樣，包括山坡上的挖填土地、泥灘和池沼等的填土土地（建築廢料、海底挖出的沉積物和垃圾）、傾斜道路和填海造田。

3.5 森林土壤的分類系統

土壤分類有幾種分類系統，農業和林業之間雖然關係密切，但還是有不同的分類系統。筆者現在將簡單介紹自己比較熟悉的森林土壤分類。森林土壤分類系統有四個類別：土壤群、土壤亞群、土壤型和土壤亞型。

1 土壤群

具有相同的主要生成作用的土壤，並在土壤斷面上表現出類似的層位順序和性質特徵的集團。

2 土壤亞群

土壤群的細分。除了具有代表土壤群特性，典型的（典型亞群）性質，那些增加了其他生成作用，以及具有與其他土壤組過渡特性的都作爲亞組。

3 土壤型

土壤亞群的構成單位。根據層位的發展程度和土壤結構等等的差異來區分。

4 土壤亞型

根據土壤結構等土壤型的細微差異特徵，將性狀變化範圍過大的土壤型進一步細分。以日本分布最廣的褐色森林土壤爲例，將最乾旱的 B_A 到最潮溼的 B_F 區分爲六個。在褐色森林土壤中，B_D 型（適潤性褐色森林土壤）是褐色森林土壤中最普遍的一種，其性狀的變化範圍比其他土壤亞型更廣。爲此，那些具有比標準 B_D 型土壤更乾燥的形態特徵的土壤，如 A 層具有粒狀結構、B 層上部具有堅果狀結構、A_O 層（O 層）是下部有特別厚的堆積物的土壤等等，$B_D(d)$ 型，即 B_D 型的偏乾亞型。再者，那些具有溼潤形態特徵，$B_D(w)$ 型即 B_D 型的偏溼亞型。

亞型下面的分類沒有設置特別的範疇，而是根據母材、土壤性質和堆積方式等等的不同，視情況進行細分。

5 森林土壤的主要分類

日本的土壤分類在農業和林業部門之間略有不同，儘管已經做了一些嘗試來統合這些差異，但還沒有提出被大多數研究人員接受的統一分類。以下是基於森林土壤分類並參考農業土壤分類的總結性分類，以及分類與樹木生長之間的關係。《日本森林土壤分類》（1975 年）將土壤分爲 8 個主要的土壤類別，分別是灰化土、褐色森林土壤、紅色和黃色土壤、黑色土壤、暗紅色土壤、潛育土、泥炭土和未成熟土壤，這些土壤又分爲下位分類單位。植被狀態和土層堆積狀態對土壤型也有很大影響。每種土壤型根據乾溼水分條件進行細分（表 3-1）。

表 3-1　**森林土壤分類（1975）的土壤分類一覽表**

土壤群	土壤亞群	土壤型	亞型	細分例
灰化土群（P）	乾性灰化土（P_D）	P_{DI}, P_{DII}, P_{DIII}		
	溼性鐵型灰化土（$P_W(i)$）	$P_W(i)_I$, $P_W(i)_{II}$, $P_W(i)_{III}$		
	溼性腐植質灰化土（$P_W(h)$）	$P_W(h)_I$, $P_W(h)_{II}$, $P_W(h)_{III}$		
褐色森林土群（B）	褐色森林土壤（B）	B_A, B_B, B_C, B_D, B_E, B_F	$B_D(d)$	
	深褐色的森林土壤（dB）	dB_D, dB_E	$dB_D(d)$	
	紅褐色森林土壤（rB）	rB_A, rB_B, rB_C, rB_D	$rB_D(d)$	
	黃褐色森林土壤（yB）	yB_A, yB_B, yB_C, yB_D, yB_E	$yB_D(d)$	
	表層黑土化褐色森林土壤（gB）	gB_B, gB_C, gB_D, gB_E	$gB_D(d)$	
紅色和黃色土群（RY）	紅土（R）	R_A, R_B, R_C, R_D	$R_D(d)$	
	黃土（Y）	Y_A, Y_B, Y_C, Y_D, Y_E	$Y_D(d)$	
	表層潛育系紅黃土（gRY）	gRY_I, gRY_{II}, $gRYb_I$, $gRYb_{II}$		
黑色土群（Bl）	黑土（Bl）	Bl_B, Bl_C, Bl_D, Bl_E, Bl_F	$Bl_D(d)$	Bl_D-m, Bl_E-m
	淺黑土（lBl）	lBl_B, lBl_C, lBl_D, lBl_E, lBl_F	$lBl_D(d)$	lBl_D-m, lBl_E-m
暗紅色土群（DR）	基質暗紅土群（eDR）	eDR_A, eDR_B, eDR_C, eDR_D, eDR_E	$eDR_D(d)$	$eDR_D(d)$-ca, $eDR_D(d)$-mg
	非基質暗紅土群（dDR）	dDR_A, dDR_B, dDR_C, dDR_D, dDR_E	$dDR_D(d)$	
	火山系暗紅土群（vDR）	vDR_A, vDR_B, vDR_C, vDR_D, vDR_E	$vDR_D(d)$	

土壤群	土壤亞群	土壤型	亞型	細分例
潛育土壤群（G）	潛育土（G）	G		
	假潛育土（psG）	psG		
	潛育灰化土（PG）	PG		
泥炭土群（Pt）	泥炭土（Pt）	Pt		
	黑泥土（Mc）	Mc		
	泥炭灰化土（Pp）	Pp		
未成熟土群（Im）	受蝕土（Er）	Er		Er-α, Er-β
	未成熟土（Im）	Im		Im-g, Im-s, Im-cl

(1) 灰化土群（P）

灰化土是由於天氣寒冷或乾燥，枯枝落葉等有機物沒有充分分解，形成了厚厚的有機物層。而有機物逐漸分解過程中產生的大量有機酸將 A 層的鐵和鋁溶出，留下石英（淋溶層）呈白灰色，而鐵和鋁則被觀察到在 B 層的上部聚積（聚積層）。在日本，經常被觀察到在針葉林中，如北海道亞高山地區的卵果魚鱗雲杉和庫頁冷杉森林以及本州南部山脊上的赤松森林等。

- 乾性灰化土（P_D）：有一層厚厚的有機物的土壤，例如：在高山容易乾燥的山脊上。由於大量有機酸的形成，可以觀察到一個明顯的淋溶層。被細分爲乾性灰化土、乾性灰化土化土壤（沒有淋溶層但有灰白色的淋溶斑的土壤和 B 層上部有聚積層的弱灰化土化土壤）和乾性弱灰化土化土壤（A 層沒有淋溶斑但 B 層上部有聚積層）。
- 溼性鐵型灰化土（$P_W(i)$）：在 A 層有一個淋溶層，同時由於受到積水的潛育化作用，使下層有還原斑（潛育斑）的土壤。
- 溼性腐植質灰化土（$P_W(h)$）：具有厚厚的黑色 H 層，整個土層有許多腐植質，顏色深，雖然靠近表層的地方受到強烈的還原作用，但腐植質比溼性鐵型灰化土更好地滲透到土層中，土層通常是不細緻而是柔軟膨脹。整個土壤層腐植質含量多，顏色呈深色。

(2) 褐色森林土群（B）

日本山區分布最廣的土壤群：A 層因腐植質而呈深褐色，B 層爲褐色至淺褐色。

① 褐色森林土壤（B）

褐色森林土壤是廣泛分布在日本的山區和丘陵地區，典型的森林土壤，以面積來看最爲廣泛。根據地形（從山頂或山脊到山腰到山谷）和水分條件，又分爲乾燥和潮溼類型。土壤的乾燥和潮溼與樹木的生長密切相關，是能夠決定植生狀態的強烈關係。由於差異很大，與植被的關係無法一一總結，但根據地形、堆積狀況和水分環境等等，可將其分爲 A 至 F，共六類（圖 3-2）。

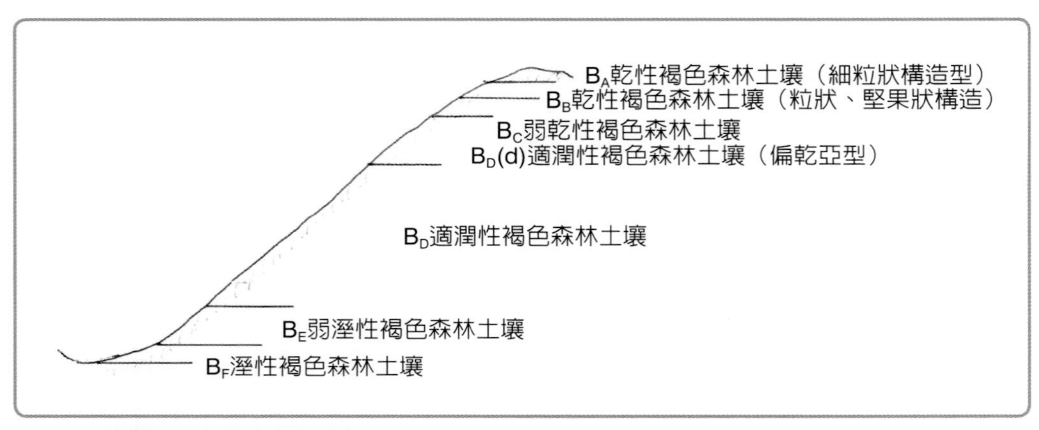

圖 3-2　**隨著地形和乾溼變化而出現的褐色森林土壤亞型的示意圖**

i 乾性褐色森林土壤（細粒狀構造型）（B_A）

可於山區多風、陽光照射強烈、貧瘠的山脊和山頂附近見到。A_O 層一般來說不是很厚；F 或 F — H 層總是很發達，但 H 層不太顯著；暗褐色的 A 層一般很薄，與 B 層的邊界相當明顯；細粒結構在 A 和 B 層中發展到相當深的程度。這種土壤有些乾燥，A 層被膠質化細小的有機物染上顏色，富含白色至灰白色的菌絲束，有時會形成菌絲網層（M 層）。B 層一般含有較少的有機物，顏色爲淺褐色。赤松林和落葉闊葉林很常見。

Column 8

土壤膠體

以 0.1 μm 或更小的尺寸分散在其他物質中而不溶解的狀態的物質稱為膠體。土壤膠體是指土壤粒子非常小，以膠體狀態懸浮在水中。黏土粒子大小的標準因不同分類目的而改變，但小到溶於水時表現出類似於膠體特性的粒子稱為黏土。國際土壤科學學會（ISSS）將黏土粒子定義為直徑為 2 μm 以下的粒子，雖然這比膠體的一般定義要大得多，但還是具有一些膠體特性。在日本農學會也曾經將黏土定義為直徑為 0.01 mm（10 μm）以下，但這一標準已不再使用。黏土顆粒在化學上與淤泥和砂有很大不同。我們可以很容易觀察，當土壤在一杯水中被攪拌時，細小的礫石會立即下沉，砂在一、兩秒後下沉，淤泥則在 10 秒後下沉，而黏土會在水中漂浮很長時間，變得渾濁。

ii 乾性褐色森林土壤（粒狀、堅果狀構造）（B_B）

生成於山地和丘陵地帶的上坡，那裡容易乾燥，例如：沿著山脊和靠近山頂的地方。較厚的 F 層和 H 層已發育，並形成較淺的黑色 H 層或 H — A 層；A 層中發育成粒狀結構；A 層和 B 層之間的界限明顯；B 層顏色一般較淺，其上部發育成粒狀或堅果狀結構，下部常有細粒或細堅果狀結構。有機物層和 A 層富含菌絲束，但很少形成菌絲網層。赤松林和落葉闊葉林較爲常見，但在日本西部，耐乾旱的青剛櫟等常綠闊葉樹也會常混在其中。堅果狀結構指的是相對較小、緊密的土塊，由於其稜角分明，摸起來較尖銳。

iii 弱乾性褐色森林土壤（B_C）

常在山脊和靠近山頂的上坡發現。F 和 H 層不是特別發達。腐植質滲透得相對深，但顏色較淡，斷面相當緊密；在 A 層下部和 B 層的上部，堅果狀結構很發達；而 B 層能看到很多菌絲束。常常有與赤松混合的落葉闊葉林，也有日本扁柏植林地。

iv 適潤性褐色森林土壤（B_D）

典型的褐色森林土壤，常在半山腰見到。F 層、H 層略薄，A 層相對較厚，富含腐植質，呈暗褐色，上部有發達的團粒結構，下部常有塊狀結構。B 層爲褐色，除輕度的塊狀結構外，沒有其他土壤結構。

- 適潤性褐色森林土壤（偏乾亞型）（B_D(d)）：常見於中坡。斷面形態與 B_D 型相似，但表現出略微乾燥的特徵，如 A 層上部出現粒狀結構或 A 層下部出現堅果狀結構，一般從 A 層到 B 層的過渡是漸變式。該地區通常是落葉闊葉林和日本扁柏植林地，但很少有日本柳杉植林地。
- 適潤性褐色森林土壤（典型）（B_D）：有些人認爲略微溼潤的類型會被劃分爲偏溼亞型 B_D（w）。通常是落葉闊葉林、日本柳杉植林地或日本扁柏植林地。在日本西部，青剛櫟類和錐栗類的常綠闊葉林很常見。

v 弱溼性褐色森林土壤（B_E）

山谷較爲多見，O 層（A_0 層，有機物層）不太發達；A 層富含腐植質且厚，有發達的團粒結構，逐漸轉變爲略帶深灰褐色的 B 層，B 層的構造不太發達。適用於日本柳杉植林地。

vi 溼性褐色森林土壤（B_F）

形成粗粒至團粒狀的 H 層。A 層略微富含腐植質。腐植質滲入 B 層的程度較低，B 層爲黏質或緻密，顏色爲藍灰褐色，排水不良，常有還原性。通常會觀察到斑駁的鐵和錳的，但在 1 m 內的範圍內找不到潛育土層。順帶一提，如果在 1 m 深的範圍內發現了潛育土層，如下文所述，該地點可能是溼地、日本榿木或柳樹生長茂盛的地區。日本柳杉植林也很常見。

② 深褐色的森林土壤（dB）

散布在褐色森林土壤分布區的上部，與灰化土分布區交界處。被認爲是灰化土和褐色森林土之間的過渡型。整個地區腐植質含量高，有 H 或 H－A 層，其中 A 層腐植質含量高，呈黑褐色；B 層呈深褐色（在標準土壤顏色表中，亮度和飽和度都接近 3）。雖然發生灰化土化現象，但淋溶層和聚積層不明確。

③ 紅褐色森林土壤（rB）

這些是由紅色風化殼或紅色風化殼上的新母材產生的多週期土壤。換句話說，作爲化石土壤的紅土被目前氣候下經歷褐色森林土壤轉換的土壤所覆蓋。一般是高酸性和貧瘠的土壤較多。主要是西日本的暖溫帶丘陵地、低山等地古紅色土分布區的周邊會稀疏地出現。B 層顏色比標準土壤顏色表中的 5YR5/6 的紅色程度還要少，比 7.5YR5/8 的顏色要紅。通常是略微乾燥的常綠闊葉林。一些研究人員將其稱爲紅褐色的森林土壤。

④ 黃褐色森林土壤（yB）

形成於暖溫帶照葉樹林氣候的土壤，介於溼潤冷溫帶褐色森林土壤和溼潤亞熱帶黃土之間。是高酸性的貧瘠土壤，形成於比現在氣候更溫暖的地方，在現在的氣候下經歷了褐色森林土壤的土壤生成作用。母材的影響很強，從基性岩中衍生出來的往往是高度鹼飽和和微酸性的。B 層一般比標準土壤顏色表中的 10YR6/6 的黃色還要少，但比 7.5YR6/8 的黃色還要多。主要分布在日本西南部的低山和丘陵的侵蝕表面，以及較高的梯田（頂部平坦的梯田被陡峭的斜坡或懸崖分隔的地形）。發展在低山、丘陵、河岸和湖岸的斜坡上，是一種相當貧瘠的土壤。一些研究人員稱其為黃褐色的森林土壤。

⑤ 表層黑土化褐色森林土壤（gB）

在一年中的某些時候，停滯的水會出現在非常淺層中，表層由於還原作用而表現出灰色的還原斑或鐵斑的褐色森林土壤。經常出現在山谷的底部。由於淺層缺乏酸度，導致整個森林的根系很淺，容易因強風而倒伏。

(3) 紅色和黃色土群（RY）

形成於熱帶和亞熱帶氣候。紅、黃土色群是酸性土壤，A 層顏色淺且厚度薄，B 層為紅褐色至淺紅褐色或黃褐色至淺黃褐色（有時 C 層也呈紅褐色）。常見於亞熱帶氣候的島嶼，例如：日本奄美群島以南的南西群島等，多少經歷過紅土化的貧瘠土。分布在九州以北的土壤被認為是在更新世溫暖期生成的古土壤（化石土）。肥料含量低而貧瘠。

- 紅土（R）：傾向於在排水良好、母材中鐵含量高的土壤上形成。在 B 和 C 層中具有紅褐色至淺紅褐色（比 5YR4/6 更紅）的酸性土壤。
- 黃土（Y）：黃土是指具有黃褐色至淺黃褐色（幾乎是 10YR6/6 或更多的黃色）B 層和 C 層的土壤。當母材含鐵量低時，或者即使含鐵量高，但排水性相當差，鐵的氧化程度很弱，往往會出現黃土。一般為酸性至微酸性，較貧瘠。
- 表層潛育系紅黃土（gRY）：近表層的積水層經歷了潛育化作用，A_0 層相對較厚，其中 H 層特別發達；A 層有紅褐色或黃土色的鐵斑、黑錳斑或灰白色層。

(4) 黑色土群（Bl）

大多數是火山灰起源，富含腐植質的土壤，但有部分說法是溼地起源（來自黑泥土）。這些土壤有厚厚的黑色至黑褐色 A 層，體積重量一般較小，具有較高的保水能力和陽離子交換能力（CEC），被歸類爲黑土（Bl），其中 A 層具有強烈的黑色（亮度和飽和度均低於 2），與腐植質較少，黑色較弱的淺黑土（lBl）區分開。這兩種土壤都是農耕地土壤分類中的黑土。在源自火山灰的黑土中，鋁與有機物結合，形成鋁—有機物複合物。在鋁—有機物複合物中，微生物對有機物的分解速度極其緩慢。順帶一提，歐亞大陸西部的黑土帶是著名的糧倉，其外觀與日本黑土相似，但在半乾旱條件下，鈣與來自草木的有機物結合，以鈣—有機物複合體形成的土壤。

- 黑土（Bl）：具有強烈的黑色。黑土的黑色不僅與腐植質的量有關，還與細微的炭（木炭）的存在有關。
- 淺黑土（lBl）：腐植質含量稍低，黑色較淺。通常在遠離火山的地區發現。

Column 9

紅土化作用

在熱帶和亞熱帶地區，電視上經常看到道路上的房屋和牆壁用紅褐色的曬乾磚，這種現象是土壤中的矽酸鹽在高溫多溼的環境下分解，並隨著降水向下淋溶，留下了構成大部分土壤的鐵和鋁氧化物。經歷了紅土化的土壤因為鉀和鈣也被水分解淋溶了，黏土也被淋溶，所以既貧瘠又硬又緊實。紅土化土壤的紅色是來自鐵的氧化，它與氧氣強烈結合。當富含鋁的土壤發生強烈的紅土化時，就會產生鋁土礦（鋁的原料）。

照片 3-2　紅土
〔©cybervam-123RF〕

照片 3-3　西非薩赫勒地區臺地上的黑褐色岩石（鋁土）

(5) 暗紅色土群（DR）

A 層的紅色一般較淺，而 B 層帶有紅褐色至深紅褐色（10R、2.5YR、5YR3～4/4～6）的土壤，比紅土的顏色深。該土壤群是來自於琉球群島的珊瑚石灰岩，呈深紅褐色的土壤。它們在土色和斷面形態上與由蛇紋岩等超鹽基性岩產生的巧克力褐色基質暗紅土、由石灰岩等的其他基性岩產生的基質暗紅土相似，但是基質飽和度不高的非基質暗紅土、由火山作用熱水風化的火山系暗紅土等，雖然形成原因不同，但外觀相似。這些土壤被歸爲分類學未確定位置的土壤。都是局部分布的。

照片 3-4　**淺間山腳下（群馬縣吾妻郡）呈黑色的火山灰土壤田地**
當地人稱其為「野ぼう土」
〔©浅間山ジオパーク推進協議〕

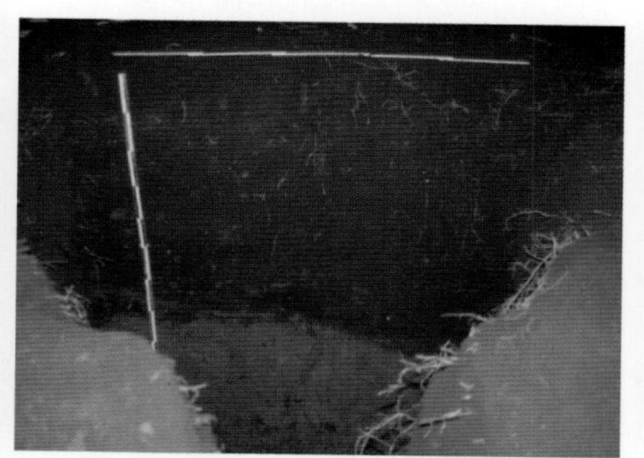

照片 3-5　**火山灰起源的黑土斷面**
下層是黃褐色的B層

(6) 潛育土壤群（G）

- 潛育土（G）：1 m 深以內，由淺層地下水或永久性積水形成，潛育層（透過二價氧化鐵形成的灰或藍色還原層）的土壤。
- 假潛育土（psG）：在 1 m 深以內，由於季節性或短暫的積水形成的潛育層土壤。富含鐵和錳的斑紋。
- 潛育灰化土（PG）：由於灰化土化而具有淋溶層或淋溶斑的土壤，以及由於下層地下水而具有潛育層的土壤。

(7) 泥炭土群（Pt）。

- 泥炭土（Pt）：由溼生植物殘體堆積形成的土壤。在土壤層的上部，會出現厚度約 30 cm 以上的泥炭層（有未分解的植物組織）。分爲高位泥炭（泥炭苔類）、中間泥炭（白毛羊鬍子草、擬麥氏草、高鞘薹草等）和低位泥炭（蘆葦、薹草類、菰草、柳類、日本榿木等）。

照片 3-6 **位於能見到草炭（泥炭的一種）的釧路沼澤北部相鄰的 Kottaro Marsh**〔©北海道ラボ〕

- 黑泥土（Mc）：在土層上部有一層厚度 30 cm 以上的黑泥層土壤。黑泥是由植物組織分解產生的黑色黏性泥漿。雖然黑泥乾燥後會被作爲植木的旱田，但其外觀與火山灰形成的黑土相似，似乎也有較高的磷酸鹽吸收係數，與黑土相似的性質。
- 泥炭灰化土（Pp）：來自高位泥炭，具有較厚泥炭質至黑泥質的腐植土層，在下層化育層之上有明顯的橙色鐵和鋁聚積層的土壤。緊接著腐植質層的下面可能有一個薄薄的灰白色淋溶層，但一般說來，看不到清晰的淋溶層，整個腐植質層都呈現輕度淋溶層狀態。由於產生了大量有機酸，因此腐植質層呈強酸性。

Column 10

潛育（gley）

非常淺的土壤層過度潮溼，使鐵處於還原狀態（氧化亞鐵）的土壤，稱為潛育土。據說 gley 的含義來自俄羅斯方言或俚語，意思是呈青灰色的土壤或泥濘的泥漿。潛育層能在水田土壤看到，在潮溼的田中全年存在，在乾旱的田中，則是田被淹水時出現。旱田的潛育層淹水時，呈現灰色至青灰色，而水被排乾時則變成灰黃色的。

(8) 低地土

照片 3-7　水被放乾的旱田
〔©たまくさhttps://tamakusa.amebaownd.com/〕

低地土不包括在森林土壤分類中，但被普遍使用。在河流的氾濫平原上發展起來的土壤（運積土），大致分爲以下兩類，儘管上述的潛育土群和泥炭土群經常被包含其中。

- 褐色低地土：在天然堤壩上的排水良好的砂質土壤上發展（河流中下游兩岸的微高地）。土壤通常很肥沃，用於建造住宅和田地。
- 灰色低地土：在遠離天然堤壩的腹地發展。土壤由於排水不通，往往是自然沼澤的狀態，使土壤有還原性。江戶時代開發了許多水田（有些地名被命名爲「○○新田」），但溼田被認爲生產性較差。因此，許多地區已經透過大規模的明渠排水網計畫旱田化。

(9) 未成熟土群（Im）

照片 3-8　代表性的未熟土三日月型移動砂丘

- 未成熟土（Im）：在母材堆積方面相對較新的土壤，尚未經過化學風化，尚未被土壤化，具有不明確或弱分化的層位。包括較新的火山灰、火山砂、火山礫噴出物、河流氾濫、土石流、泥流等堆積物，以及由洋流輸送的砂粒形成的沙丘。基本上，土壤太貧瘠，不能被視爲土壤，但在許多情況下，植物可以在上面生長。最著名的例子是花崗岩風化和崩塌後堆積下來的馬薩，還有是由九州南部的新鮮火山灰和火山礫構成的白砂和 bora。
- 受蝕土（Er）：由於侵蝕或崩落，使部分土壤層（土壤表層）缺失。如果土壤層完全消失，那就是基岩而不是土壤。

3.6 綠地的土壤特徵

1 大多數綠地土壤都是人為改造的土壤

被草本或木本植被覆蓋的土地空間稱爲綠地。從廣義上講，綠地包括森林、農地、牧場、田野和湖沼等水面。但從狹義上講，綠地不包括森林、農地和牧場，而是包括庭園、公園、都市或都市近郊的環境綠地和綠廊。近年來，屋頂花園等人工地盤上的種植地也經常被包含在綠地之中。

大多數綠地是透過開墾或用從其他地方帶來的土砂填土而形成的。特別是臨海的填土土地被海沙、地下鐵、隧道、建築施工產生的廢土及其他雜七雜八的廢棄物所填埋，導致土壤複雜。換句話說，綠地中的大部分土壤完全是人工，沒有自然的層序，而且根據綠地的位置和建立條件的不同，土壤性質也有各式各樣。

2 建地條件和開發方式對綠地土壤斷面的影響

圖 3-3 表示了丘陵地被開墾的示意圖。上下段的平地之間的斜坡森林是這個土地留下來的森林，其中 A 地點具有比其他地點還要適合樹木生長的條件。但是在 B 地點已經被開墾（填土），A 層被埋得很深，無法實現 A 層的功能；在 C 地點填土更厚，樹根無法到達被深埋的 A 層；在 D 地點和 E 地點，下層 B 層和 C 層也消失了，基岩的 R 層到了地表。

不同微地形在不同地點的土壤斷面樣貌可能會有明顯差異，例如：略微凸起的地形將呈現更乾燥的斷面，而略微凹陷的地形將會更溼潤，變成還原型的土壤斷面。另外，由於侵蝕作用和人類開墾旱田的影響，即使距離差距不多，也會出現明顯的土壤斷面差異。

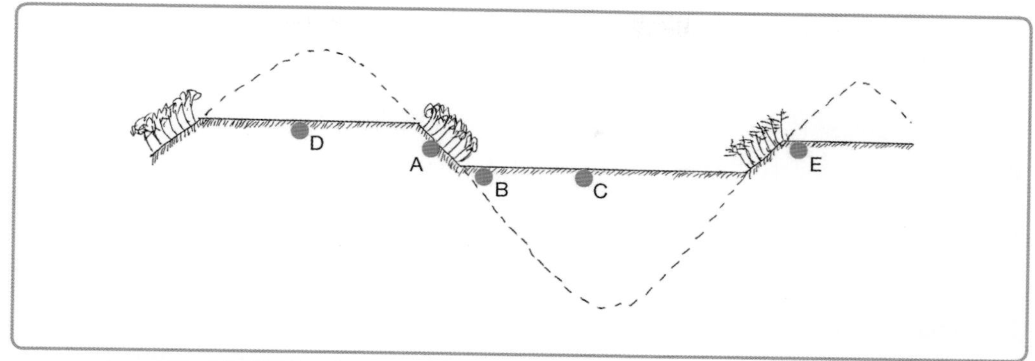

圖 3-3　丘陵地被開墾的示意圖

3 填土造地的土壤特徵

(1) 臨海填土造地的特徵

填土地土壤的性狀一般都惡劣，但這裡最棘手的問題是，當填土用黏土質的疏浚物填埋時，會在相對較淺的深度有一個不透水層（黏土層），變成死水（這被稱爲上層滯水），使土壤變成還原狀態，形成潛育層，導致樹根受到障礙。此外，地震時可能會出現液化現象。

(2) 丘陵地的土壤

在丘陵地中，因爲高差很大而被削去地形，將那些土和沙運到山谷中填土，形成寬闊的平坦地形。用這種方法整地的土壤，性質有很大的不同，這取決於是填土還是被挖掉剩下的自然地形，是黏土或砂土還是壤土、有機物混入的數量，是固結的岩盤還是在地表或地表附近，是否在整地過程中被重型機械輾壓形成固結層等等。例如：對原始林地表層土、壓實的客土和在膨軟狀態下的客土進行土壤的性質比較，可以看出對樹木生長有重大影響的粗孔隙（改善排水和保持土壤中空氣的大孔隙）的數量在天然土壤中很多，而在被重型機械壓實填土的土壤中卻極少。

此外，粗孔隙和細孔隙（表現出毛細作用的孔隙，也稱爲毛細孔隙）的數量總和，在膨軟狀態的植栽用客土和林地之間幾乎相同，但在壓實的填土地明顯較低。此外，在排水方面起重要作用的粗孔隙量，森林土壤中比植栽用客土還要多。在一個例子中，比較了在黑土上形成的日本柳杉林土壤和同樣的土被客土到種植地土壤的體積重量（每單位體積的重量），靠近地表約 30 cm 的深度差異最大，客土比較重。

天然土壤的森林地和整地而成的土壤之間的性質差異，是造成植物生育差距的原因。明治神宮境內的林床雖然並不完全是自然土壤，但現在已經接近自然土壤的狀態了，而與明治神宮相鄰土壤幾乎相同的代代木公園內，未經修剪的樹木生長情況進行比較，可以看出明治神宮內的樹木明顯高大。

(3) 以都市廢棄物填土的土壤

都市廢棄物有很多種類，包括建築和土木工程的廢土、生活廢棄物（垃圾等）、垃圾處理廠的焚燒灰和地下汙泥的脫水處理土的灰等，這些很多都用於填埋。

照片 3-9　**被混有瓦礫的土壤覆蓋的工廠綠地，下層為還原狀態呈黃灰色**

各種用都市廢棄物填土的地區的土壤性質因填埋材料不同而有很大差異，但在大多數情況下，表層主要由建築工程等的殘土爲主體，含有許多混凝土等外來物質的未成熟土壤。因此，在綠化方面存在許多問題。換句話說，表層往往會變得很堅硬緊密，而且由於基盤是使用重型機械整地，因此性質極爲不良。另外，即使在整地完成後，由於沉澱作用，基盤在一段時間內仍然不穩定。再者，廢棄物中可能含有對植物生長有害的物質，埋在土壤深處的食物垃圾可能透過厭氧發酵產生甲烷氣體，使其無法長期種植。

(4) 通過疏浚在臨海填土造地的土壤

海底的沉積物通過水管以泥漿水的形式噴射出來，讓土砂堆積形成土地。在一些地方，建築殘土和都市廢棄物被類似三明治的方式交替堆放填埋。

疏浚海底土砂而形成的臨海填土造地區，較粗的沙子堆積在疏浚砂泵的排出口附近，而較細的沙子則堆積在更遠的地方，通常會形成同心圓（圖 3-4）。疏浚的填土地由完全未成熟的土壤母材組成，通常以粗粒砂土基盤分布最廣，還有一些黏土層。

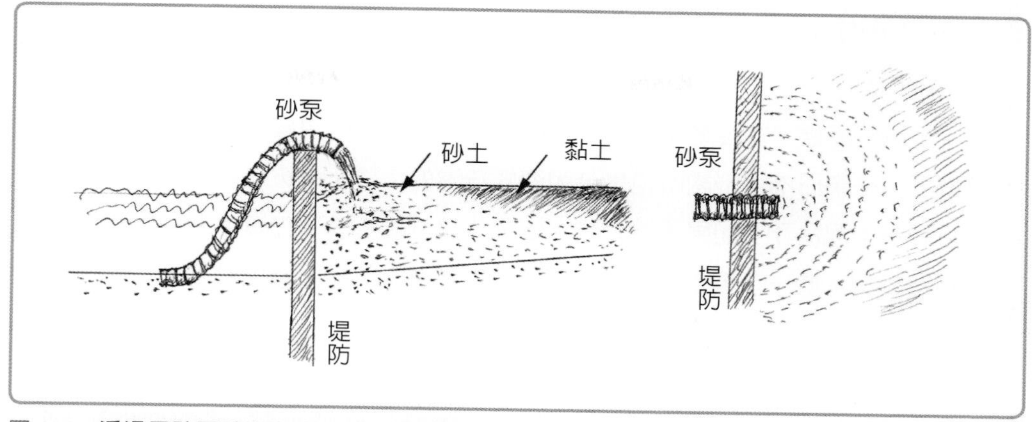

圖 3-4 透過用砂泵疏浚海底土砂來形成的填土地

砂土和黏土的性質差別很大，但砂土性質隨時間的變化較小，黏土變化較大。這也會影響到化學性質。與黏土相比，砂土的總孔隙度、氮含量、碳含量和氯含量往往較低，而體積重量和透水性則較高。

在砂質土壤中，乾燥或是土壤粒子較大，毛細管水上升時會被切斷（大部分土壤孔隙都是比毛細作用的細孔隙還要大的粗孔隙），導致表層乾燥砂層和下層溼潤砂層的含水率有明顯差異且不連續，當夏季持續好天氣時，最表層的乾砂層超過數十公分厚也不稀奇。

在整地後初期的黏土中，濃鹽水被土壤強烈吸附，使水的流動緩慢而停滯，因此，物理性的改善經常沒有進展。

照片 3-10 **由海底疏浚物和瓦礫混合的建築廢土填海造地的斷面**

Column 11

液化作用

地震的時候，水從地下噴出、地盤沉降，這種液化現象容易發生在開墾的溼地上。在東日本大地震時也是，因海底疏浚的土砂，使東京灣海岸填土地的沙子和黏土混合了。如果下層有黏土層會成為不透水層，在其上的砂層變成水飽和狀態後，進一步被土和砂覆蓋，那麼在強震中就可能發生液化。

4 行道樹和公園綠地的土壤

(1) 行道樹的土壤

都市行道樹大多棲地構造上是狹窄且被封閉的（圖 3-5），生活在類似花盆的土壤環境中。一般來說，都市中心和郊區之間的行道樹土壤差別很大。例如：東京的多摩地區和武藏野高原的山手地區有富含腐植質的火山灰土壤，樹勢相對較好。然而，在都市中心，植樹的土壤基本上不是天然土壤，在植穴中使用了客土土壤（大多源自火山灰的關東層），並且與砂礫或瓦礫混合，在許多情況下，還使用了玻璃質土

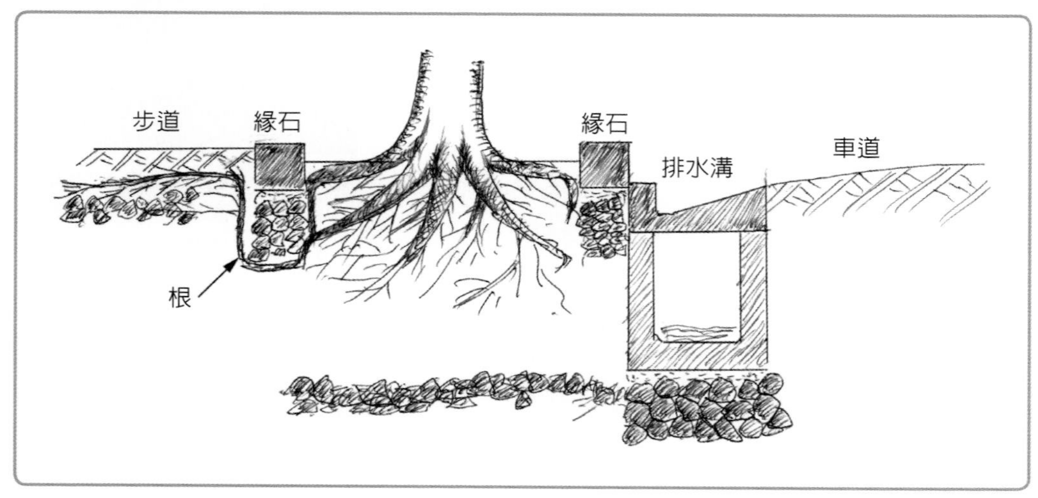

圖 3-5　都市行道樹的構造

壤改良材，使土壤與天然土壤完全不同。在東京市區，關東大地震和戰爭破壞造成的粗大瓦礫被掩埋的地方，種植著樹木也不稀奇。

多摩和山手地區的水分條件是適當的溼潤或輕微的乾燥，而隨著人們向東移動，瓦礫混入的情況增加，使保水能力下降，乾燥的程度增加。此外，堅硬緊密度也有越往東越高的傾向。氫離子濃度指數（pH 值）按照多摩 < 山手 < 東京市中心 ≤ 江戶 < 填土造地的順序，從微酸性變為鹼性，而越靠近東部地區的樹勢變得越來越差。

行道樹的土壤量有限，限制了根系的發展範圍，而人行道和排水溝又減少了水和養分的供應。此外，由於人類的踩踏，植穴表面往往很緊密，導致整體環境不佳。

(2) 公園綠地的土壤

公園綠地中的土壤狀態範圍極其廣泛，從接近自然狀態的郊區土壤，到受人類活動強烈影響的都市中心土壤，甚至是完全人工開發的土壤，如填土造地和丘陵整地。

公園綠地的土壤形態，取決於人為影響程度。換句話說，由於車道和步道周邊的踩踏壓實，使物理性變差。而建築物和鋪設的道路周圍的土壤，除了踩踏壓實外，還有由於混凝土和其他材料中溶出的碳酸鈣影響而呈鹼性。在許多情況下，落葉等的有機物被清掃，使物質循環中斷。此外，在都市公園中，有許多地下結構，如停車場、汙水管道和地鐵等等構造物，阻礙了毛細孔水從地下水上升，導致死水形成。

都市中心的公園綠地因為各種因素的作用下，導致土壤劣化，影響了植物的生長，但即使土壤惡劣，植物也有能力生長，導致管理者錯誤地認為這沒有問題。

公園綠地內部，接近自然狀態的樹林地和被踩踏壓實的樹林地的土壤物理性，比較之後有很大的差異。例如：被踩踏地區的土壤比自然狀態下的孔隙更少，透水性更差。壓實區的土壤固結並不侷限於表層，還可延伸到更深的地層。

(3) 傾斜的土壤

如果斜坡上的土壤，定期除草或不斷清理的話，表面往往會受到侵蝕。侵蝕對樹木的生長有重大影響。侵蝕模式可分為以下幾類，每一類可分為非常輕微、輕微、中度或嚴重。

① 水的侵蝕

分類如下：

- **片狀侵蝕**：指薄皮的表面侵蝕。
- **溝蝕**：指形成小溝的侵蝕。
- **濺蝕**：指形成深溝的侵蝕行為。大規模的侵蝕會形成山谷。
- **滑坡**：在土壤層和下層岩盤（不透水層）之間的邊界形成水膜，導致整個斜坡向下滑動和移動。
- **深層崩壞（山體崩壞）**：地層中相當深的不同岩盤層發生滑落。在豪雨期間，地下水層的形成往往是導致滑坡的直接原因。

② 風蝕

指由風引起的侵蝕。黃沙是風蝕現象，淤泥和黏土被風吹到高空並被帶到很遠的地方。經常被偏西風帶到日本並產生影響。

③ 崩落

在重力作用下，陡峭山坡上的土層和岩石被沖刷，沉積在山谷和懸崖底部。

Chapter 4

樹根的構造與功能

4.1　樹根的構造與功能

樹木的根部吸收光合作用和隨後的一系列代謝所需的水，而葉子蒸散的水比光合作用直接需要的水多 100～200 倍。目的是蒸散防止因陽光直射而導致葉面溫度上升，而蒸散流帶來葉面上收集物質生產所需的氮和各種礦物質。這現象與乾旱地區由於地表蒸發量極高又不斷灌溉地面時，地表出現的鹽分積累是完全相同的原理。枝幹在力學上支撐著葉子，同時是來自根部吸收的營養水和葉合成的同化產物的運輸管道。再者，根部的力學支撐著樹木的地上部，並吸收水和氮和礦物質等肥料成分，並且供應給莖葉。要是欠缺植物組織的任何部分，植物的生命就不可能成立。如果根部被切斷，很難維持枝葉；如果枝葉被切斷，光合作用就無法進行，根部的生長也受到抑制。樹幹或大樹枝受傷的話，會難以運輸養分和水分。植物不論哪一個部分都很重

Column 12

破壞建築物的樹根

筆者的德國朋友 Claus Mattheck 教授告訴我，有一棵歐洲橡木的根部摧毀 40 m 外的石牆。如果這棵樹的根系在其他方向延伸了同樣的距離，那麼根系的範圍將達到 80 m。由於不可能單單以根系的生長壓力就破壞石造建築物，如果沒有牆的話，有可能會再延伸數 m 到 10 m 上。假如它也會向其他方向生長，那麼直徑可能已經長到 100 m 了。歐洲夏季非常乾燥，許多地區的土壤堅硬而緊密，所以樹根會在非常淺層朝水平延伸。因為日本的土壤通常潮溼而柔軟，因此難以想像樹根會有那種生長方式，不過樹根破壞建築物的現象在日本也很常見。

要，所有組織器官都同樣重要，但一般根部是最不明顯、最不爲人所知的組織，對土壤的形成有重大影響，因此我們現在將簡要說明根的結構和功能。

1 根部結構和功能

(1) 樹木的根部廣泛水平地延伸

許多人認爲樹冠和根系之間的關係是枝條的範圍（樹冠幅）與根系的範圍（根系幅）相等（圖 4-1 上）。然而，實際上如果沒有障礙物，根系通常會延伸得更廣，如圖 4-1 下所示。如果樹木生長在平坦的地方，沒有來自單一方向的風，樹幹不傾斜，樹冠不偏向，也就是力學完全沒有偏移，那生長方向也會平均分布在各個方向。在土壤乾燥的地方，根部通常生長得更深更寬，而在土壤潮溼的地方則不廣。此外，如果土層中有堅硬的地方，那往往會有靠近地表橫向生長的傾向，而不會很深入地下。地下水或上層滯水（土壤層中的積水）存在於很淺的位置時，根不會鑽得很深，也不會往水平方向廣泛生長。

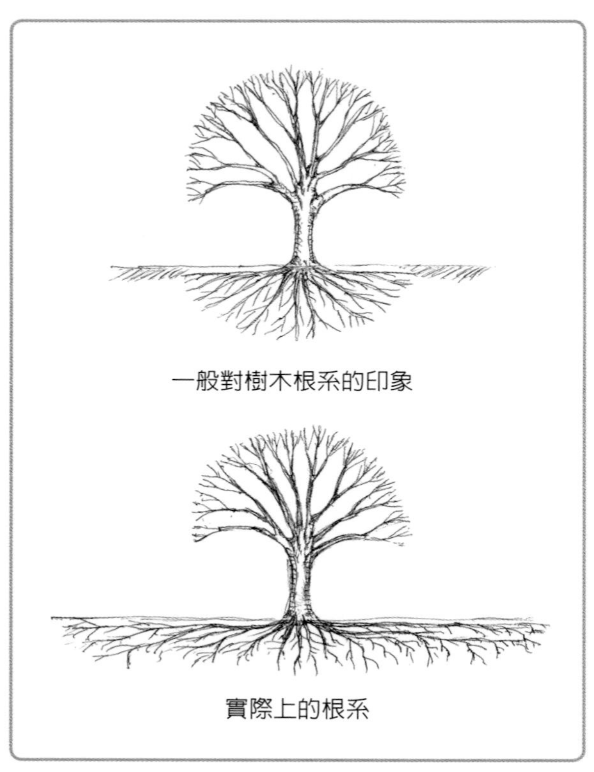

圖 4-1　一般對樹木根系的印象和實際上的根系

大部分根是廣而水平，很少有下垂的根，樹苗時期的幼根（主根）已經消失了。

Column 13

深潛的根

在非洲的疏林草原（熱帶和亞熱帶的半乾燥草原）生長著多種類有刺的相思樹類。會在旱季落葉、雨季著葉。但有一種不可思議的相思樹，在雨季落葉、旱季著葉。也就是白相思樹（*Acacia albida*，最新分類中的 *Faidherbia* 屬）。這是高達 30 m 的巨樹，非常有氣勢。普通的相思樹類是淺而廣的水平根系，在雨季時能有效地吸收降雨，並積極進行光合作用，但在旱季，樹會落葉並進入休眠狀態，而這種樹的水平分布很小，取而代之的是深深地潛入厚厚的沙層中。實際觀察白相思樹，最深的根系已發現能到達 40 m 的深處。這種樹之所以能在旱季長出葉子，被認為是因為深埋在地下的根系透過毛細作用吸收了從地下水中上升的毛細水，而在雨季落葉和休眠的原因則被認為是土壤變得太溼，土壤孔隙幾乎完全被水填滿，使其難以呼吸。利用從淺層地下水或死水中上升的毛細水，在日本的樹木中也很常見。

照片 4-1　**乾燥地的乾谷（以色列）**
雖然有伏流水或豐富的地下水，但因為雨季的洪水使植物難以定植
〔© Mark A. Wilson (Department of Geology, The College of Wooster) - Wikipedia〕

當筆者在西非的馬里第一次看到白刺槐時，是在雨季的落葉期。當其他樹木鬱鬱蔥蔥地長出葉子時，這棵宏偉的大樹卻沒有葉子，我想起了我的失望，誤以為這樣一棵宏偉的樹已經死去。

(2) 支持樹體的根系

如果樹生長在斜坡上，樹幹傾斜、只有一側分枝，或連續受到來自同一個方向的強風中，樹幹上就會形成應力反應材。在針葉樹中，在山谷側、傾斜的樹幹下方或下風側會形成壓縮反應材，相對應的從下面支撐樹體的根系也隨之發達。另一方面，在闊葉樹中，在山側、樹幹向上側或迎風側會形成拉拔反應材，相對應像是要藉此拉起樹身般的根系也隨之發達（圖 4-2）。然而，當壓縮和拉拔材都不能形成相應的根時，反應材就不能在靠近樹頭的樹幹上形成。這時候針葉樹的年輪可能顯示出類似拉拔反應材的分布。另一方面，生長在山坡上的闊葉樹也是，當根部因山側的岩盤而無法延伸時，年輪可能會產生類似壓縮反應材的分布。在這種情況下，不論是針葉樹還是闊葉樹，本來的反應材都是在樹幹稍微上部的位置形成。針葉樹和闊葉樹的反應材形成差異來自於遺傳，但人們推測在根頭附近的樹幹發現對應的根形成是不可或缺的（圖 4-3）。

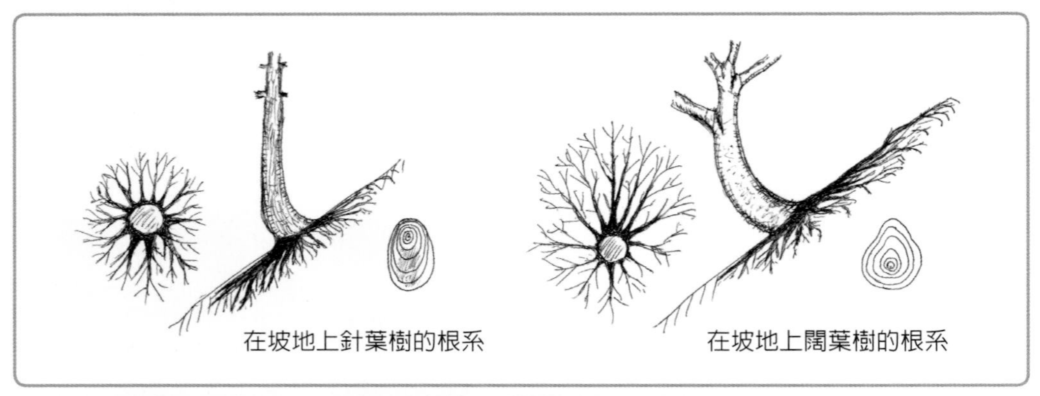

圖 4-2　**在樹幹下部應力材形成時的針葉樹和闊葉樹的根系發育狀況**

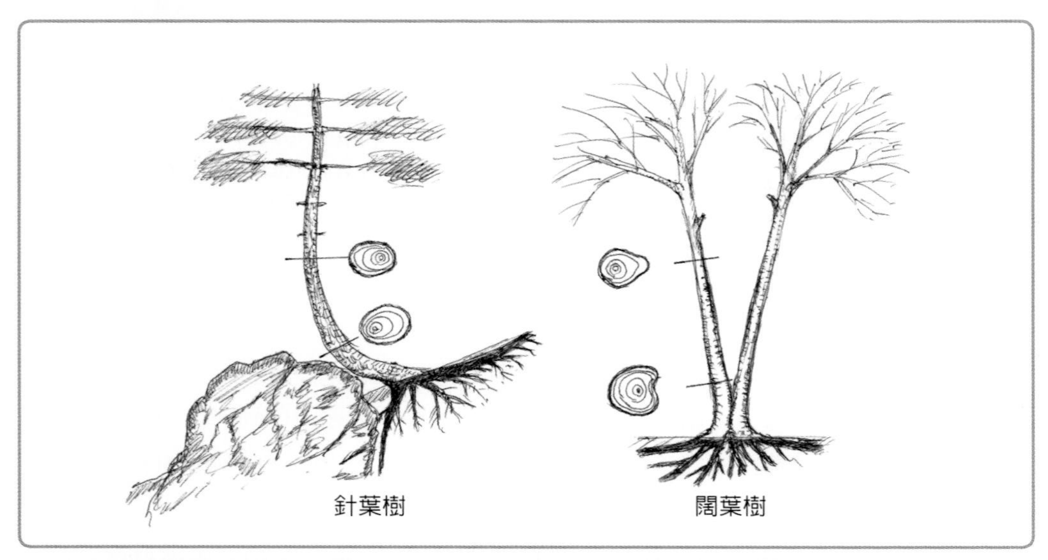

圖 4-3　**當與應力材相對應的根系不能伸長時，針葉樹和闊葉樹的根系發展狀況和年輪分布**

(3) 莖和根的發育和構造的差異

一般來說，很容易根據莖的外觀區分樹種，但根在樹種之間的形態差異很小，通常很難區分。由此可知根的分化進展比不上莖，並被認爲保留了其原始形態。其中一個原因是，土壤中的環境變化比地面上還要小。

初生莖和細根的維管束排列不同，如圖 4-4 所示，變粗的莖也就是樹幹，和根之間也有明顯的差異。樹幹有髓，但根沒有；樹幹有節，但根沒有。在樹幹中，生長點（芽）會在頂端（頂芽）或是側面（側芽），生長過程中上方沒有組織覆蓋。越冬芽是休眠芽的一種，有的被芽鱗覆蓋，有的則是沒有芽鱗但被新葉覆蓋越冬的裸芽。樹幹兩側的潛伏芽沒有芽鱗，只有生長點，但埋在外樹皮內。順帶一提，芽鱗會隨著芽的發育而迅速脫落，是葉的一種，兩側是側芽的原基。從粗大的樹幹上產生的大多數不定枝都是長期休眠的潛伏芽，潛伏芽是側芽的一種，或稱定芽，被認爲是非常短的芽。那個頂端有生長點，即分生組織，分裂旺盛形成枝幹，在其生長過程中（一次生長）形成側芽，大多數側芽不會成爲枝條，而是成爲潛伏芽。還有從癒傷組織中產生的枝條（由無分化方向細胞塊形成的不定芽，再從這些芽長出的枝條），通常數量少。

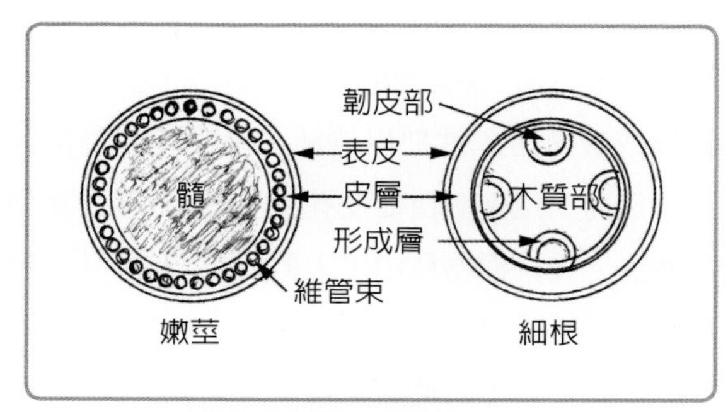

圖 4-4　**莖和根維管束排列的差異**

另一方面，總是被根冠覆蓋的根尖分生組織，是根的生長點。此外，與芽不同，側根可以從任何地方發根。側根來自於比根系尖端還要細的根，隨著根的成熟，側根從周鞘長出。然而，由於形成層細胞分裂，進行肥大生長變粗的根破壞了原表皮、皮層、內皮和周鞘，因此在粗根被切斷的時候，從比根的傷口還要基部的地方產生的細根，被認爲是由形成層、皮孔木栓形成層、放射組織的癒傷組織產生。

枝幹在高空中支撐著沉重的樹冠，而且還被風強烈搖晃，所以它們有較厚的細胞壁和大量的木質素，讓它們變硬以防止斷裂；而根不在風中搖晃或掉落，而且也沒有地上部乾燥，所以細胞壁較薄，木質素也較少，跟枝條相比軟得多，抗壓和抗彎強度也較低。然而，它的纖維素含量很高，其抗拉強度不比莖差。作爲輸導組織的導管和假導管，在根系中的直徑比在莖中的還大，因爲重力對根系中水的傳導影響比在莖中小，使水更容易通過。枝幹中的周皮（木栓層、木栓形成層和木栓皮層）很發達，而根部的周皮較不發達，木栓層很薄。

需注意的是，在枝幹上形成的「不定根」可以從節或節間的形成層、韌皮部出現，以及從癒合組織或木質部薄壁細胞中產生，但似乎特別容易從形成樹皮的皮孔木栓形成層產生。當把樹枝插在水裡時，經常會出現白色的根，這些根往往來自於皮孔。然而，還不明白從皮孔產生的不定根的根原基是否是由皮孔木栓形成層的細胞分裂產生。在柳樹物種中，人們認爲即使在枝條變粗，韌皮部內仍然有周鞘的痕跡，這就是不定根的原基。因此，在莖中總是有根的原基，這也是容易扦插的原因之一。此外，生長在溼地的柳樹類等，即使完全浸泡在水中也能生長，如池塘或沼澤，因爲它們的皮層中有一個通氣組織，可以將在地面吸入的氧氣帶到根尖。

(4) 內皮細胞壁中的卡氏帶和細胞膜的功能

如上所述，水和水溶性物質幾乎可以自由進入表皮細胞的細胞壁和皮層組織的細胞間隙和細胞壁，但要進入內部細胞膜的內部，即細胞內，必須經過細胞膜的選擇。然而，一旦進入細胞，水可以通過壁孔從一個細胞移動到另一個細胞，進入細根中心柱木質部的導管或假導管。穿過皮層組織的細胞壁和皮層組織的細胞間隙移動的水，被內皮層中的卡氏帶所阻止，無法通過細胞壁或細胞間隙移動。卡氏帶是木栓質（木栓細胞的細胞壁上沉積著木栓質）或埋在細胞壁上的木質素狀態，不允許水透過。由於內皮內沒有細胞間隙，水必須進入內皮細胞的細胞膜才能進入中心柱。這時候接受細胞膜選別，會阻止不必要的物質、有毒物質、過多物質和微生物等通過，只允許必要的物質通過。當表皮細胞、內皮細胞等細根細胞從外部將物質引入細胞時，會消耗大量的能量，而這些能量可從呼吸作用中獲得。根部的呼吸基本上是由細胞從土壤水中吸收溶解的氧氣與水。因此，如果土壤中的水沒有足夠的氧氣的話，大多數植物就無法呼吸，如果不能呼吸的話，就不能吸收水、氮和礦物質等肥料成分。另外，如果土壤缺乏水分而處於乾燥狀態，會因爲植物的根部無法吸收水分，使根尖無法呼吸而窒息枯萎。卡氏帶也可以在皮層的最外層（表皮內側）形成。

Column 14

木栓質

樹木的外樹皮通常已經木栓化，但樹皮之木栓是細胞壁上被填充了一種叫木栓質的物質。木栓質也被稱為軟木質。在化學上，是由長鏈的羥基脂肪酸和二羧酸組成的聚合物質。與構成覆蓋在植物表皮角質層的角質相似。木栓質這個名字來自於採取木栓的樹木，也就是有名的西班牙栓皮櫟（Quercus suber，常綠的櫟類）。

Column 15

卡氏帶

1865 年被德國植物學家羅伯特・卡斯帕里所發現，因此而命名。當細根內皮的薄膜被去除，以化學試劑溶解細胞膜、纖維素和半纖維素後，會留下由卡氏帶構成的網，如右圖所示。

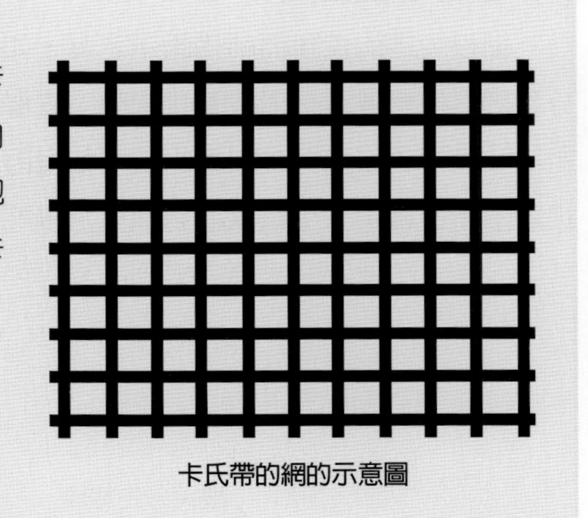

卡氏帶的網的示意圖

(5) 皮層通氣組織

普通樹木不能在死水的池塘和沼澤中生長，但柳樹等溼生樹木可以。其原因是根部皮層組織中細胞間隙極度發達，形成通氣組織。也就是說，從地上部枝幹的皮孔吸收氧氣，溶解到皮層細胞間隙的水裡，接著水從木質部移動到根尖。氧氣被輸送到根尖進行呼吸作用。在普通的樹木中，雖然沒有達到溼生植物的程度，細胞間隙在深潛的垂下根皮質組織中很發達。例如：松類一般被認爲具有深根性，但它們也能因爲根部被少量土壤覆蓋而枯萎。爲了支持功能而發達的垂下根皮層組織中的細胞間隙，但在整個根系中，垂下根的比例可以忽略不計。這可能是由於占根系大部分的水平根，主要爲吸收養分和水而發展、延伸在氧氣充足的淺層，皮層通氣組織很少發展。當生長在乾燥地區的樹木被種植在潮溼條件下生長時，皮層的細胞間隙就會發達。這種細胞間隙是在缺氧的強烈壓力下產生的乙烯，導致被細胞破壞，但由於細胞破壞有一定的規律性，存活和死亡的細胞都是有系統的排列，所以有人認爲細胞是按照預先設定的程序死亡的。

2 細根的結構和功能

(1) 細根尖端的結構

細根尖端的縱斷面結構的示意圖，如圖 4-5 所示。位於頂端的根尖分生組織積極分裂細胞使根伸長，形成表皮細胞、皮層細胞、內皮細胞、周鞘細胞和中心柱細胞等組織，而覆蓋根尖分生組織的根冠細胞因與石礫和土壤粒子不斷碰撞而被磨掉，因此根冠不斷從根尖分生組織得到補充。根毛是表皮細胞的凸出膨起而來。

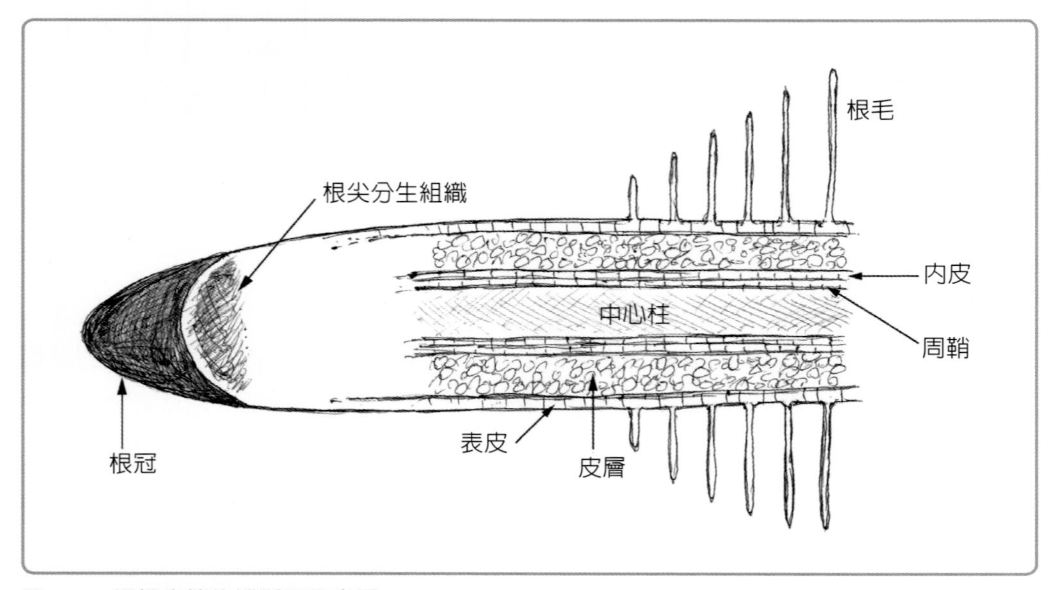

圖 4-5　細根尖端的縱斷面示意圖

當細根被組織化時，從外到內依序是表皮、皮層、內皮、周鞘和中心柱。中心柱分爲韌皮部、形成層和木質部，隨著它的成熟，形成層圍成圓形，外側形成韌皮部，內側形成木質部，形成枝幹和同樣的年輪。另外，有些人認爲周鞘是中心柱的一部分。

(2) 細根尖端的水分移動

大多數細根在相對較短的時間內死亡，只有少數細根會長期存活並變粗。這就像樹還是小樹苗時的細枝，在生長過程中幾乎完全枯萎，長大的樹在靠近樹根的地方沒有樹枝是同樣的。水、氮和礦物質不會在根系的任何地方被吸收，只在最初的表皮沒有被打破、外樹皮（木栓層）還沒有形成的細根部分（根尖）中被吸收，在外樹皮覆蓋的部分內，幾乎不會吸收。細根在成熟過程中逐漸失去吸水能力，因此根系爲了吸收水分，必須不斷產生更多的細根，並分枝增加細根的數量。

水及其溶存物質可在木質化細胞壁，或沒有木栓化的細根表皮細胞的細胞壁中自由移動，也可在其內側的皮層細胞的細胞壁和細胞間隙中移動，但必須經過細胞膜的選擇作用才能進入細胞膜。膠質狀物質基本上無法通過細胞膜。此外，比起細胞中充足的物質，缺乏的物質才可以優先通過。此外，有害物質會被阻止通過。要使水到達中心柱的木質部，木質部細胞中的水壓必須是負的（吸水壓力），並且低於外部細胞的壓力，即從根的外側到木質部之間，必須有向下的水壓梯度。由於枝葉的旺盛蒸散作用，使整個樹體不得不成負壓狀態。

(3) 根圈

細根的根尖不斷被根冠內側的根尖分生組織旺盛的細胞分裂推向前方生長，這時候根冠會與土壤粒子和石礫碰撞，使根冠細胞不斷被磨損而剝離。剝落的細胞附著在細根的表面。細根會分泌各種物質，而這些物質會與死亡的根冠細胞一起，形成複雜的有機物世界。這個微觀世界被稱爲根圈。在細根所分泌的有機物質中，有各種有機酸。有機酸具有螯合作用，促進磷酸等難溶物質的吸收，並對鋁等有毒物質進行解毒。而根圈居住著無數的微生物，其中包括具有固氮功能的細菌、藍藻、放線菌和古細菌。這些固氮微生物和豆科植物的根瘤菌或放線根瘤植物群的弗蘭克氏菌屬（放線菌的一種）不同，它們沒有進入根部組織，而是附著在表面生活，被認爲是提供根部氨氮，並以接受糖等物質作爲回報。此外，生活在根圈的放線菌會分泌抗生素並抑制根的病原菌繁殖生長。

Column 16

螯合作用

以夾住中心金屬離子的方式，形成離子和分子的配位鍵作用。螯合這個詞來自希臘語，意指是蟹的鉗。螯合化合物是具有螯合環的錯合物總稱。螯合環是由一個分子或離子的兩個以上配位原子夾著金屬原子（離子）配位形成的環狀結構。對於植物根部來說，它可以防止有毒金屬的吸收，或者反過來，能幫助難溶物質的吸收。

Column 17

根圈

植物根部分泌的碳水化合物、胺基酸、維生素和有機酸等，以及自身脫落的死細胞，在根尖的細根周圍形成了稱為根圈的特殊世界。根圈只有半徑幾公釐狹小範圍。根圈居住著極為多樣的微生物，其中最廣為人知的是具有固氮功能的固氮菌。在過去蘇聯時代，為了提高農業生產力，在農地土壤上繁殖固氮菌，但結果並不理想。其原因是土壤中居住著無數的微生物，其中有許多微生物會攻擊其他微生物，並阻止特定類型的微生物增長。

4.2 樹木的水分吸收功能與森林的保水能力

1 樹木水分吸收的必要性

森林是由喬木、灌木、藤本植物、草本植物、苔蘚類和藻類等組成的多樣性植物群，整個森林生產大量的有機物，其中一部分以樹皮、木材、莖葉、枯枝落葉和腐植質的形式蓄積。森林植物爲了維持其生理功能的活化，需透過其根系吸收水分，在莖葉中消耗進行光合作用，並透過葉的氣孔蒸散剩餘水分。通常從葉子中蒸散出來的水量，會比樹木光合作用直接需要的水量多 100～200 倍左右。

要說為什麼會有如此大量的水被蒸散，事實上是因為在森林土壤中，很少有氮化合物（NO_3^-、NH_4^+）和各種礦物質（磷酸、鉀、鈣、鎂、硫和鐵等離子）溶解在土塊間隙的水（稱為土壤水）中，因為土壤水幾乎與淡水相同。所以樹木為了獲得足夠光合作用和後續代謝活動正常進行所需的營養鹽類，必須吸收大量的水，並從葉片蒸散水。營養鹽類不會隨著水蒸發，而是會留在葉子裡，因此就能透過旺盛的蒸散來收集代謝所需的營養物質。

還有一個主要因素，就是適合光合作用的溫度。原產於日本的大多數植物在溫度 5℃時，是生理作用的起點。在 5℃以上光合作用開始，在 25℃左右光合作用最為旺盛。25℃以上，光合作用的速度逐漸降低，超過 40℃以上，光合速度會急速變慢。受到陽光直射下的物體表面溫度在盛夏會非常高，例如：鵝卵石或鐵管可以達到 50℃以上。如果在強烈陽光下觸摸躺在地上的鵝卵石，它的溫度會足以造成燒傷，然而如果在同時間觸摸陽光直射下的植物葉片，會幾乎感覺不到任何熱。其原因是大量的水從植物的葉子中蒸散，蒸發熱（汽化熱）使葉面冷卻，從而使光合作用能夠正常進行。

此外，植物細胞透過保留細胞中足夠的水來保持膨脹壓力，避免萎凋或木材乾燥龜裂。為此，充分的吸水也是必要的。

植物需要消耗大量的水來維持其生理機能，而這些水幾乎都是從土壤中吸收。然而，通常在挖掘森林樹木根部生長的土壤時，水不會溢出。特別是在高溫乾燥持續的盛夏，可以發現根部周圍的土壤觸摸起來相當乾燥。而高溫乾燥的時候，又必須消耗大量的水，因此樹木必須以某種方式解決這個矛盾。如果在炎熱的盛夏，土壤過於乾燥，根系不能吸收足夠的水分時，樹木會關閉毛孔，讓葉柄的上側生長，使葉片下垂，減少葉面與白天高溫的太陽直射光的角度，抑制葉片溫度上升，並將毛孔較多的葉背轉向樹冠的內側，避免被風吹，並進入休眠狀態。

普通的樹木不能將根系伸入停滯的池塘中，但可以伸入氧氣充足的溪流中。樹木不能生活在溪流中，是因為水流不能固定根系。柳樹、落羽松、水杉和日本榿木等生長在溼地的樹木，樹皮木栓層內側皮層的通氣組織，即發展出有大細胞間隙的皮層（圖 4-6），像落羽松從地面伸向空中的氣生根（膝根）的木質部有許多細胞間隙，使木材變得稀稀疏疏，成爲即使在溼地也能將空氣送到根尖的構造（圖 4-7）。在香料中十分有名的沉香就是從沉香木（瑞香科的常綠喬木）提取，它生長在熱帶的潮溼土壤中，其木材細胞間隙多而且很大，乾燥材很輕，這個稀稀疏疏的狀態可能也是通氣的效果。

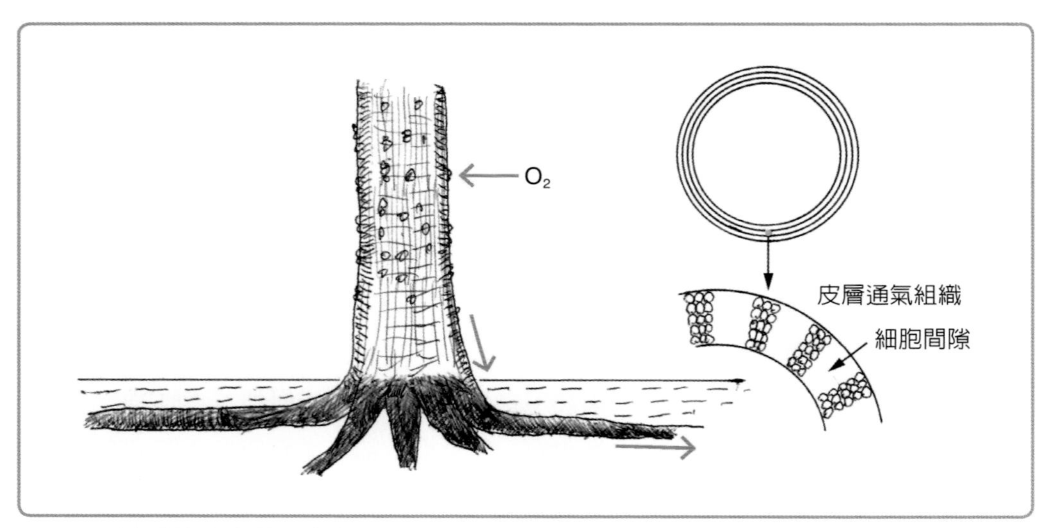

圖 4-6　空氣中的氧氣通過皮層向根端供給

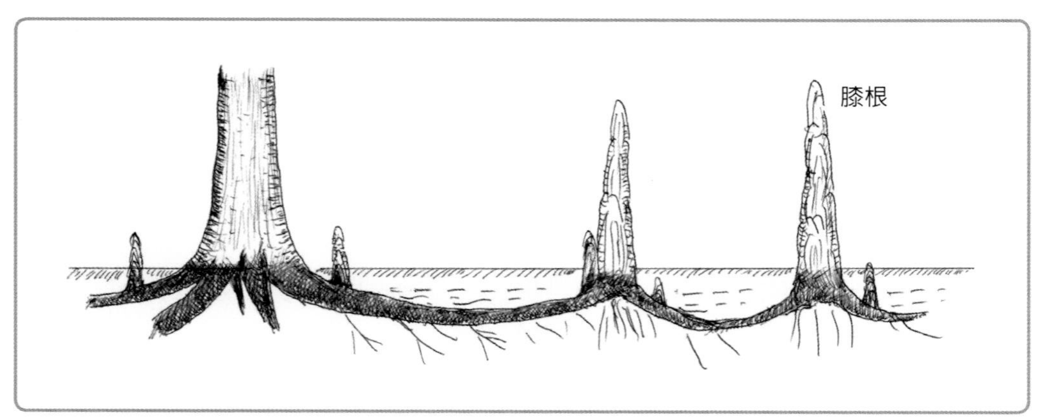

圖 4-7　落羽松的氣根

2 森林中的樹木對降水的利用

降雨大多是在樹冠上，如果量少則大部分會附著於枝葉上，並在降雨後直接蒸發，因此到達樹冠下土壤表面的降水比沒有樹木的地區少。在森林中到達林床的雨水可分爲不接觸樹冠直接到達林床的直達雨、樹冠充分溼潤後以水滴形式落下的滴下雨、擊中莖葉而四散的飛濺雨，以及沿樹幹流下的樹幹流。樹幹流從根頭通過根系傳送到細根，在樹木的生長中起著極其重要的作用，但如果沒有大量的降水就不會出現。另一方面，根系積極吸收水分，在乾燥的夏季，沒有細根的地區比有細根的地區更潮溼。對比森林內外的土壤，森林外地面的降水比較多，在沒有樹根的地方，土壤水分往往更豐富。然而，像白背芒這樣生長旺盛且高大密生的草地，由於其單位面積的蒸散量多，與森林土壤一樣乾燥。一般來說，獨自生長在空地上的樹木根部，因爲樹冠下無法獲得足夠的水分，爲此會向外放射狀的伸長，所以分布範圍往往都很廣闊。

3 森林中的降雨（林冠雨）和樹幹徑逕流

在降雨只有少量雨水的情況，大部分的雨水都附著在樹冠的枝葉上，然後就這樣蒸發，沒有流到地面上。因此，在樹冠覆蓋的地面和沒有被覆蓋的地面，沒有被覆蓋的地面能接收到更多的降水量。此外，由於細根吸收大量的水，所以有細根的地方通常會比沒有細根的地方還要乾燥。因此，樹木基本上處於慢性缺水的狀態，但在偶爾的大量降雨中，從樹冠滴落的雨水，即「林冠雨」，樹幹會以「樹幹流」的效果收集雨水供應給根系，以彌補其不足（圖 4-8）。從樹的分枝來看，年輕有力的上部側枝斜著向上延伸，在整個樹體中起到了漏斗的效果，在樹幹收集雨水並將其供給根部。以樹幹流到根部的水，沿著根系抵達尖端的細根並被吸收，即使沒有馬上被吸收的水也會在根系尖端附近聚集，成爲在下一次降雨前提供水分供給源。此外，向下方下垂的樹枝也以雨滴的形式向樹冠範圍內的細根供水。從樹冠落下雨滴的範圍線被稱爲樹冠滴水線。生長在霧氣和雲層多見的山區的樹木，會利用枝葉來捕捉空氣中的水滴，並供應給樹冠滴水線附近的根，特別是日本柳杉等這類針葉樹，它們的細針形的枝葉表面積大，可以有效地捕捉漂浮在空中的微小水滴。日本柳杉是一種需水量大的樹種，但有些天然日本柳杉生長在山脊這樣容易乾燥的地形上，這可能是因爲日本柳杉能從雲霧中捕捉水滴並供應給根部，創造了一個比表面更潮溼的環境。世界上最高的紅杉（*Sequoia sempervirens*）分布在從北美大陸西部海岸山脈的加利福尼亞州中部到奧勒岡州南部，這個區域被來自太平洋的西風吹過山脈，形成上升氣流，產生大量的雲，接著那個水滴被紅杉的枝葉捕捉，並供給到樹的根頭。像這樣樹木捕捉的水多於觀察到的降水，並保持森林狀態的森林被稱爲雲霧林。世界上許多地方都能看到雲霧林。

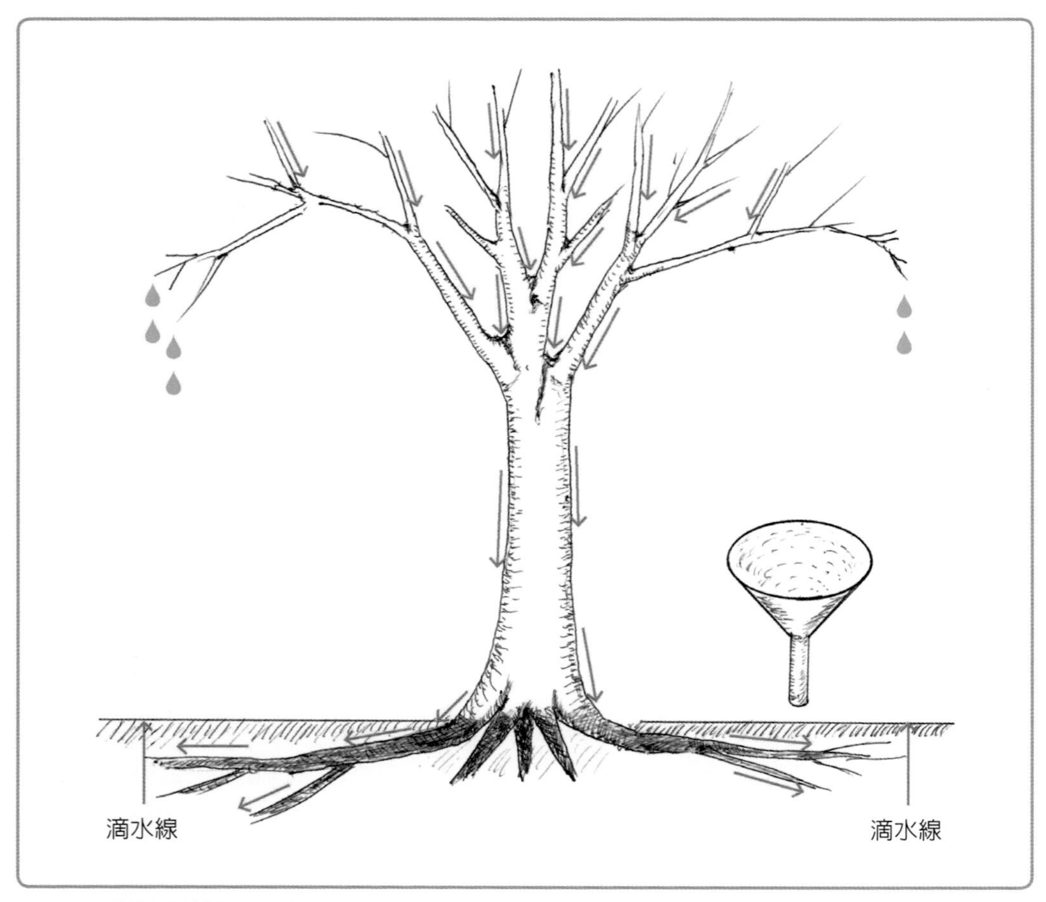

圖 4-8　**樹冠分枝是集水裝置**

4 季節性的根系生長

在日本這樣的氣候條件下，樹木的根沒有完全休眠期。即使在氣溫降至冰點以下的嚴冬期，根尖（細根）也仍然有少許生長並吸收水分。如果它們停止吸水，甚至有嚴冬的休眠期，地上部就會暴露在強烈的季風中，導致水分逐漸流失，導致乾燥枯死。在日本樹木的根生長最爲活躍的時間，是在 8 月左右炎熱又乾燥的盛夏期。盛夏期樹的枝幹上部停止生長，但光合作用和蒸散作用依然活躍，大部分光合作用產物被用於根部生長以及枝幹的肥大生長，剩餘部分則貯存在薄壁細胞中用於過冬。在永凍土地區，嚴冬期氣溫可達零下幾十℃，土壤深處的水完全凍結，只有完全處於休眠狀態的少數物種可以生存，如東西伯利亞的落葉針葉樹落葉松和極地柳樹。

5 越冬期間的根系

在寒冷地區的冬季，樹木的地上部會保持休眠狀態，但強烈的季風會使水從樹體表面逐漸排出。即使在雪覆蓋少的地區的嚴冬，當表面土壤的水分大部分都凍結時，根部也不會完全休眠，而是略微生長，在未凍結的微小孔隙中吸收水分。在嚴寒期樹木減少地上部薄壁細胞的含水量，並將累積到秋季的澱粉轉化爲可溶性糖（蔗糖、葡萄糖、果糖等），使薄壁細胞的液泡糖濃度顯著增加，防止細胞液凍結和壞死並休眠。根系的薄壁細胞受到土壤和積雪的保護而不受嚴寒影響，因此它們的糖濃度不像地上部細胞那麼高，而且也不會完全休眠，除非在嚴冬的永凍土區和旱季的沙漠。地上部如此高的糖濃度雖然便於越冬，但不利於旺盛的生長，因此樹木在早春開芽前，從根吸收水分，將可溶性糖轉化爲不溶性澱粉，以降低薄壁細胞中的糖濃度，提高細胞活性。在這新葉展開前的時期，樹體內的水通過根壓（基本上是細胞之間的滲透壓差）上升，因此導管中的水受到正壓（推出的壓力）。如果在生長於寒冷地區的糖楓、色木槭、白樺、日本核桃和山葡萄等樹木的樹幹上開一個孔並插上管子，就可以收集到微甜的導管液（即楓樹的楓糖）。然而，這只能在葉子展開前的兩週左右收集。從春天到秋天，葉子的蒸散作用活躍的時期，根部積極伸長和分枝，增加細根並吸收水分。如下所述，單靠細根無法以微小的孔隙吸收水分，因此菌根菌的幫助不可或缺。

Column 18

藥西瓜

生長在非洲乾燥地區的西瓜原生種，在比較藥西瓜葉子與莖相連時以及分開狀態下的表面溫度實驗中，當白天溫度上升到 50℃以上時，與莖相連的葉子仍然保持在 40℃以下，並且維持著光合作用機能。當葉子在莖上時，光合作用功能保持在 40℃或更低的溫度。日本的植物，即使在盛夏的烈日之下，健康葉片的表面溫度也保持在 25℃左右。

據說有些藥西瓜的果實無毒，但大多數都是有毒（極度苦澀），食草動物不會吃。當我在非洲馬利共和國的沙丘上第一次看到藥西瓜時，我想著雖然小但卻很漂亮的西瓜，明明就躺在沙漠中，為什麼沒有人吃？好不可思議。

6 菌根的作用

樹木爲了在毛細管孔隙中吸收水分，從細根的表皮細胞中伸出許多細微突起，稱爲根毛。當根毛滲入微小的孔隙並吸水時，與細根接觸的水減少而水張力增加，結果導致水被從周圍的土壤中接連拉出移動。這使樹木能夠利用與根系沒有直接接觸的地方的水。然而，根尖能夠吸水的範圍很小，而且根毛很短，所以不能很有效地吸水。這就是爲什麼菌根作用極其重要。菌根有多種類型，包括可以用肉眼看到的外生菌根（圖 4-9）和肉眼看不

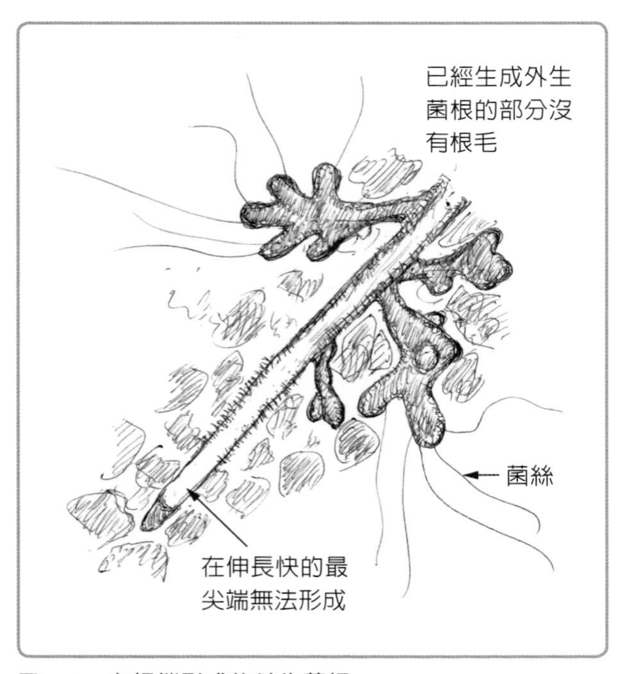

圖 4-9　在根端形成的外生菌根

到的內生菌根，但都只在根系尖端的細根部分形成，而不是在已經木栓化的部分形成，因此形成菌根的部分會不斷生滅並逐漸移動。菌類是透過菌絲體覆蓋細根或讓菌絲體侵入細根組織中，從樹獲得糖和胺基酸等營養物質，而肉眼無法看到的無數細小菌絲體則延伸到土壤的毛細管孔隙中，吸收毛細水並供應給根。菌根菌不僅吸收水，而且還有效地吸收氮等營養鹽類，特別是吸收植物最難吸收的磷酸，並將其供應給植物。此外，當樹木的生長環境變得很差時，例如：當根系因過度潮溼而缺氧時，有的菌根菌會延伸到氧氣充足的區域，吸收氧氣並供應給根系。我見過的日本柳杉，即使在大壩湖水滿了、根頭長期被淹沒的情況下，仍能繼續生存，這可能是在菌根菌的幫助下而生存。

在迴游式日本風格庭園裡，黑松經常被種植在池塘岸邊。過去建造的池塘的底部和側面都覆蓋著厚厚的黏土層，以防止漏水，因此，池塘沿岸的土壤極有可能通氣透水性不良，造成缺氧狀態。雖然只是猜測，黑松的根系對氧氣的需求很高，即使在這種條件下也是如此，因此很可能是菌根菌在黑松的生存中發揮了重要作用。最著名的菌根菌是與松樹類的根共生形成外生菌根的松茸，但其實幾乎所有的樹木都與各種眞菌共生形成多樣的菌根。人們認爲，如果不形成外生菌根，即使是高大的樹木也不可能長成大樹，最多只能成爲大灌木。**圖 4-9** 顯示了肉眼可識別的外生菌根形態的例子。

7 毛細管孔隙水的利用

即使在日本這樣的多雨氣候中，樹木長成大樹必要的水仍然不夠。因此，樹木試著利用透過毛細管作用從地下水脈上升的水或土壤小縫隙中的水。然而，能夠透過毛細作用讓水分上升並長期保持的土壤孔隙（即毛細管孔隙），直徑比細根的直徑還要小得多，大約爲 0.1～0.06 mm，所以細根不能直接延伸到毛細孔隙中。土壤孔隙分爲三類：0.006 mm 以下的微小孔隙中的水被孔隙壁的土壤粒子強烈吸引，不受重力影響，使植物難以利用。這些區分因黏土粒子的性質和大小而有差異。大孔隙和中孔隙爲土壤水分提供氧氣，使二氧化碳擴散到大氣中或排放到地下。其他類型的土壤水是以化學方式與土壤粒子結合，爲植物無法利用的水。毛細孔隙水以上可被植物利用的水稱爲自由水，而與土壤粒子的分子和化學結合，完全不能被植物利用的水稱爲結合水。僅僅通過風乾土壤也無法去除結合水。

- 水在重力作用下從上到下快速滲透移動，沒有毛細管現象，直徑爲 0.6 mm 以上的大孔隙（粗孔隙）。
- 具有向下滲透和短期貯存積能，並且表現出一些毛細管作用，直徑 0.6～0.06 mm 的中孔隙。
- 水在這裡移動非常緩慢，在貯水方面起著主要作用，對毛細管供水機能最重要，0.06～0.006 mm 的小孔隙（細孔隙）。

Column 19

pF

衡量自由水和土壤粒子之間結合強度的單位是 pF（potential of Free water）。pF 是水柱底部的水壓大小，其絕對値與土壤粒子和水的結合強度相同（負壓 = 拉力），以水柱高度的常用對數表示。

例如：高度為 10 cm 的水柱底部的水壓和絕對值，以相互的力吸引時，10 cm=10^1 cm，所以 pF=1；如果高度為 100 cm 的水柱底部的水壓以相同的絕對值相互吸引時，100 cm=10^2 cm，所以 pF=2；1,000cm 水柱時 pF=3。在植物吸收前向下移動的水稱為重力水，一般小於 pF 1.5～1.7。容易被植物吸收的水稱為毛細管重力水，一般為 pF 1.5 或 1.7～2.7。pF 2.7～4.2 稱為毛細管水，pF 4.2 以上稱為結合水。雖然根據植物的類型和土壤特性有一些差異，但 pF 3.8 使植物難以吸收水分，稱為初始萎凋點；而 pF 4.2 使植物無法吸收水分，稱為永久萎凋點。

近年來不再使用 pF 單位，而是用 Pa 作為單位表示（因為是吸引力，所以使用 –）。pF 1.5 ≒ –3,100 Pa，pF 1.7 ≒ –4,900 Pa，pF 2.7 ≒ –49,100 Pa，pF 3.8 ≒ –620,000 Pa，pF 4.2 ≒ –1,550,000 Pa。

8 腐植質的海綿效應和岩盤的保水能力

水是樹木生活不可或缺的條件，即使在日本這樣降雨量多的地區也是，樹木會爲了收集水而做出巨大努力。特別是斜坡上的降雨，很快就會從表面流走，所以對於生長在斜坡上的樹木來說，即使有大量的降雨，通常也不夠用。如果落在土壤表面的雨水沒有從土壤表面流走而是滲透進土壤中，滲透的雨水沒有保留在土壤中或滲入地下深處補給地下水，並繼續透過毛細管作用從地下水面上升供給樹木的話，即使在大台原和屋久島這樣年降水量高達 4,000～5,000 mm 的地區，樹木也可能因爲得不到足夠的水而無法生存。問題點是森林的保水能力，或者更準確地說，是「土壤和岩盤」的保水能力。

在考慮森林的保水力時，第一個問題是森林的土壤是否能迅速讓雨或雪的水向下滲入。如果落在土壤表面的水直接順著斜坡流下，植物將不能充分利用它，地下水也不會得到補給。要使雨水迅速滲入土壤，首先土壤表面必須被枯枝落葉和這些東西被微生物分解而成的腐植質覆蓋，而且必須成爲水能夠迅速吸收的海綿狀，不會因爲林床植被的發展，而被大雨滴衝擊使土壤粒子彈起造成侵蝕。在山坡上，生長在林地上的各種草木類和灌木類的莖、葉和根，以及眞菌的菌絲層，可以防止作爲海綿的堆積物被沖走（圖 4-10）。

圖 4-10　灌木、草的莖和根系能抑制堆積在森林地面的有機物流失

此外，爲了使水能夠快速通過土壤向下移動，必須有連續的大孔隙連接地下水位。一般情況下，由於樹木的旺盛蒸散作用，森林土壤的孔隙十分乾燥，這使得水即使在大雨期間也迅速滲入地下。如果土壤不乾燥，就會像一塊充滿水的海綿，無法再吸收任何水分。長時間下雨後，土砂崩塌容易發生，因爲這時粗大的孔隙也被水填滿，土壤不能再吸收雨水，多餘的水降低了土壤粒子之間的黏著力，而淺層地下水位上升，表層土壤受到大的浮力作用，在不透水層和根系分布層之間形成滑面。

根部需要大量的能量來吸收養分和水，這些能量是透過氧氣呼吸作用從糖的分解中獲得，根的呼吸是吸收溶解在水中的氧氣，即溶解的氧氣，而不是直接從空氣中吸收。因此，爲了讓樹木的根健全地生存下去，必須有 (1) 柔軟、海綿狀的有機物層；(2) 使降雨能夠不流失而向下滲透，許多毛細管孔隙（細孔隙），可以在土壤中保持水分；(3) 大孔隙（粗孔隙）能使降水在土壤中快速向下移動補充地下水，同時爲土壤水分提供新鮮氧氣。三者都不可缺乏。此外，土壤下面的岩盤必須有大量的龜裂，以便有足夠的水向下滲入並補給地下水脈。從某種意義上說，這是一個非常奢侈的土壤環境，發展良好的森林土壤需要具備這些所有條件。

將山毛櫸林等天然落葉闊葉林與日本柳杉和日本扁柏人工林相比，落葉闊葉林通常被認爲具有較高的保水能力。落葉闊葉林和針葉林之間的差異對土壤的影響之一是表層的有機物層（O 層或 A_O 層，圖 4-11）的差異。在以落葉爲主的針葉林中，有機

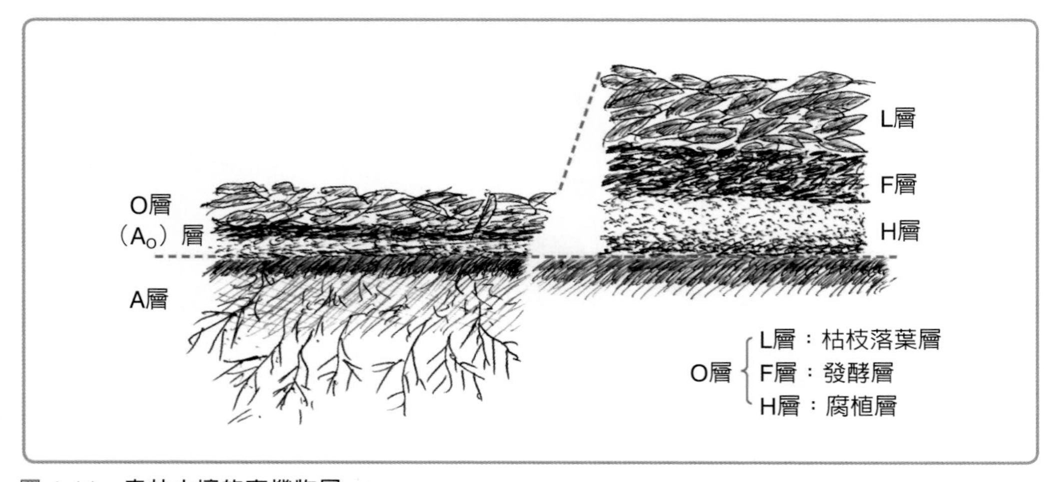

圖 4-11　森林土壤的有機物層

質層是堆積型，而在落葉闊葉林中則是分解減少型。

堆積型土壤是指如山脊線等容易乾燥及寒冷地區的針葉林的土壤，這類土壤對於枯枝落葉等有機物分解緩慢，整個土壤中堆積著厚厚的有機物層，形成眞菌的菌絲網層，阻止雨水向下滲透，而且由於腐植化緩慢，使有機物滲入化育層的速度很慢（A 層是薄的）。

照片 4-2　**擁有堆積型的有機質層的針闊混合林**
〔©川内村観光協会〕

逐漸減少型土壤是指容易在溫暖溼潤土壤的闊葉林中發展。由於有機物的快速分解，使 L 層（枯枝落葉層）明顯，但 F 層（發酵層）和 H 層（腐植質層）就不明顯，有機物能快速滲入化育層，是 A 層相對較厚的土壤。

腐植的形態還有一種介於堆積型和減少型之間的混合型。容易在寒冷和乾燥地區的落葉闊葉林中發展，L、F 和 H 層之間的區別很明顯。

從森林生態學的角度來看，針葉樹和闊葉樹之間最明顯的區別是如前述所說的，在斜坡上的根系形式差異。闊葉樹的根系在斜坡的靠山側（樹的上方）發展，以廣大的扇形將樹拉起，而針葉樹的根系在山谷側（樹的下方）發展，從下方支撐樹木。就像是支撐樹木的話，只要將原木柱刺入土壤即可，但是相反地，鋼絲繩需要綁在一個牢固的大錨上，否則會掉下來是一樣的道理。這種根系形態的差異被認爲是保持斜坡表面土壤能力的差異，也就是防止崩落的能力，這也是闊葉林被認爲不太容易發生土壤表面崩落的原因。然而，即使在針葉樹人工林中，如果樹冠發達、密度適當，單個樹木積極進行光合作用，供應給根部的同化產物也很豐富、生長良好。樹木在風中也適度搖擺，支撐樹體的根系會相當寬廣且深入。與其他樹體的根接觸，如果是同一種樹木的話，很容易能夠互相融合，讓整個森林形成大型根系網路（圖 4-12），所以表層土壤不比闊葉林更容易崩落。即使在闊葉林中，也會出現表面土壤的流出和崩落的情況。因此，儘管根系形態不同跟森林的保水能力有關，卻不會被認爲是決定性差異。

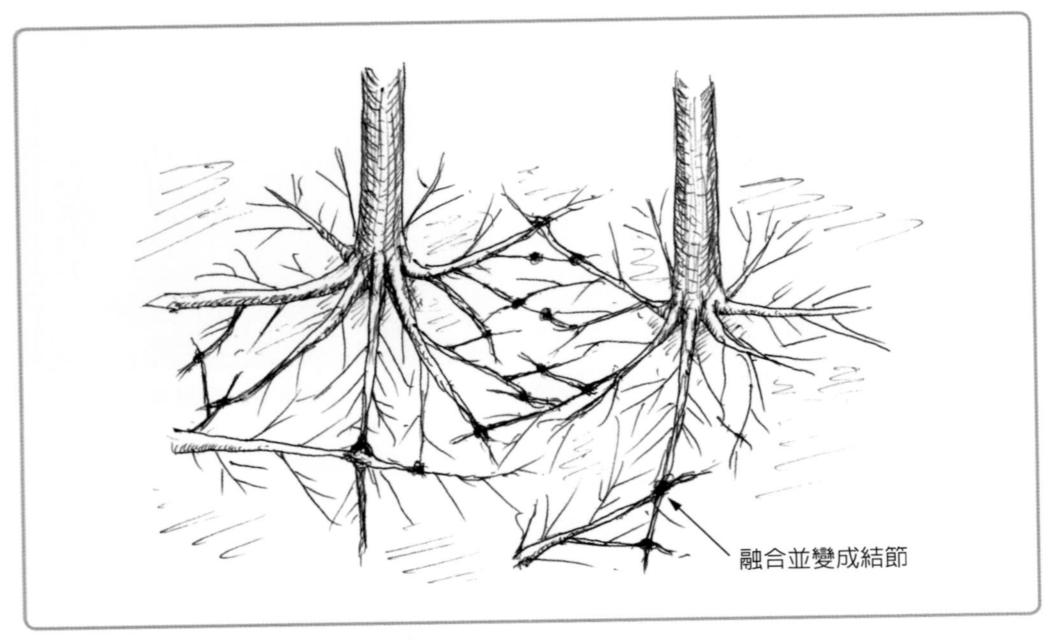

圖 4-12　日本柳杉人工林的根系網路

森林水文學等科學研究結果表明，即使是日本柳杉或日本扁柏人工林，只要管理得當，林分密度保持在適當的水準，而且林床植被豐富的話，也能具有與天然闊葉林一樣的滲透能力。偶爾會有研究表明，天然針葉林的土壤滲透能力低於天然闊葉林，但這是因爲日本現存的天然針葉林大多建立在土層較薄的堅硬岩盤上，如山脊線和陡坡，由於是針葉林，不能說它們的保水能力不如天然落葉闊葉林。日本柳杉和日本扁柏樹人工林的問題是，由於林業在經濟上不敷成本而被野放，在不進行疏伐或修剪的情況下過度擁擠。林床變得過於黑暗，林床上的灌木和草本植物消失，表層土壤的海綿效應消失，土壤被地表徑流沖走，人工林樹木的根部暴露出來，容易風倒，並有礫石掉落。這被認爲對山區的水平衡和洪水發生有很大影響（圖 4-13）。

圖 4-13　過密的針葉樹人工林的表土流失

在乾燥持續的盛夏，沿著山坡和山谷的山路行走時，可以看到一些地方有水湧出。雖然溪裡的水比融雪期和雨季時要少，但仍有相當多的水在流淌。這些水是從哪裡來的呢？這些水不能僅僅用森林土壤的保水能力來解釋，因爲森林土壤被挖開後，也不會有水湧出。雨水透過岩盤的裂縫向下滲透，貯存在不透水層上的砂礫層中，成爲地下水，然後沿著砂礫層的斜坡緩緩流出。山谷中地下水的豐富程度取決於地形、不透水層的位置和坡度、坡度方向、供水量、岩盤裂縫的數量和深度、是否有貯存水的沙礫層以及流出的速度。如上所述，有些山坡比其他山坡更容易集水。通常的情況是，在一條溪中有水大量湧出，而在另一條具有類似地形的溪中卻沒有。這與形成不透水層的地層的傾角方向（走向和垂直度）有很大關係。如果形成不透水層的地層是傾斜的，那麼在一條溪中，水可能會大量湧出，而在同一座山對側坡上的另一條溪中，水可能就只在豪雨時流出。森林的保水力是由地形、地質、岩盤風化度、林床植被和土壤條件等複雜組合決定，其中任何一個因素的變化都會產生重大影響。人們常說山毛櫸森林比其他森林還有更高的保水力，但並不是改成山毛櫸森林就能讓保水力變高，因爲山毛櫸需水量很高，所以容易在含水量相對較高的土壤中或降水較多的地方生長。因此山毛櫸並不是一種特殊的樹木。

樹木土壤學的土壤調查方法

5.1 土壤調查的意義與目的

土壤與樹木生長有著極爲密切的關係。儘管土壤的形成與氣候、地形、地質和植被密切相關，但這些因素對樹木的生長也有直接影響，因此不能僅僅依土壤類型來確定樹木生長的差異。然而，根據日本柳杉、日本扁柏等林木的生長和基於土壤型的地位指數之間關係的研究結果表明，土壤型確實對樹木生長有重大影響。

從日本土壤上的林木生長情況來看，一般灰化土較貧瘠，所以生長緩慢，褐色森林土壤相對肥沃，所以生長良好。紅黃色的土壤較貧瘠、生長不良，而來自火山的火山灰在新鮮地區較貧瘠，而年代越久遠的火山灰就越肥沃、生長良好。然而，每種土壤型從乾到溼都不一樣，在乾和溼類型中樹木的生長狀態完全不同。一般來說，潮溼的類型（如 BD）被認爲會有最好的生長勢，但也因樹種不同而不同。此外，以黑土爲例，風化的火山灰的黑土往往比新鮮的火山灰的黑土生長得還要更好，離火山較遠、顆粒較小的黑土往往比靠近火山、下落顆粒較大的黑土生長還要更好。

此外，根據土壤被人爲影響的方式，生長情況也大不相同，例如：樹木生長在挖過的土地和塡土過的土地之間就有很大差異，通常在塡土的土地上會更好。然而，即使在塡土的土地上，當土壤被推土機等重型機械反覆壓實和輕微壓實相比較時，情況也完全不同。樹木生長因土層厚度、土壤性質、結構、硬度、通氣透水性、有無積水、地下水高度等因素而有差異。

應用土壤學的土壤調查是透過對土壤進行斷面觀察和分析，目的是爲了把握上述因素，並確定土壤與土地上生長的植物之間的關係。理想情況下，土壤調查應按照以下程序進行，但由於使用描述的所有方法需要太長的時間，所以通常會採用簡化的方法。根據筆者的經驗，從現場的土壤斷面觀察中可以獲得比土壤採樣分析更有用的情報，因此土壤採樣進行物理和化學分析常常被省略。

5.2 調查步驟

先取得能夠把握對象地與周遭狀況的地形圖、地質圖和植被圖，並將從文獻獲得的情報進行整理，接著概查環境的地形、地質、氣候、氣象、植被，掌握大概的立地環境等。接著對場地周圍進行勘察，確定微小的地形變化和植被等，然後用檢土杖、各種類型的土壤貫入計等調查全面的土壤狀況，並根據結果來最終決定土壤斷面的設置點。但是，隨著調查熟練，通常可以憑感覺判斷出應該在哪裡觀察斷面，所以這種事前調查往往會被省略。

1 觀察斷面的工具

根據需求進行取捨：山中式土壤硬度計、山中式土壤透水通氣測定器（現在幾乎很少使用了）、土壤通氣透水測定器（有各種類型）、標準土色帖、放大鏡、100 cc 土壤採樣器、採土器、採土輔助器、檢土杖、土壤貫入計（有各種類型）、膠布、採土用的塑膠袋、記錄文具、鏟子、鉈刀、山菜刀、扭轉鐮刀、水桶、玻璃纖維折疊秤，以 10 cm 為間隔並有顏色區分的折疊尺、緞帶、測量人員、羅盤傾斜儀（方向磁鐵、角度計）、剪定鋏、鋸子、抹布、照相機、攝影用反光板、野外書籍、記錄文具、2,2'- 聯吡啶液、錳檢試劑、pH 計、EC 計、塑膠片、裝滿水的塑膠罐、手電筒或頭燈、軍用手套、毛巾或手帕、雨衣、雨鞋等，依需求選用。

2 設置斷面

在哪裡進行斷面調查、包括哪些內容、設多少個位置等等，取決於調查的目的和要求的精度而不同，但是想知道樹木水平根的垂直分布狀態的話，就要為了不傷害到粗根而避開根頭附近，不過在能到達根系尖端的位置比較好。

斷面的大小並不固定，但在日本通常是深 1 m、寬 1 m 左右。然而，由於更大的斷面可以獲得更多的情報，所以在其他國家也有使用 1.5 m 以上的深度。筆者也觀察過深 2.5 m、寬 5 m 左右的斷面。然而，在日本的山區，地表發現裸露的岩盤或在挖了 10 cm 後發現岩盤的情況並不少見，所以往往連 1 m 都挖不到。此外，如果該地區處於斜坡或其他容易崩塌的地方，就有必要將斷面的尺寸降到可以觀察的最小尺寸，或者在斷面的山谷側設置簡單的擋土柵欄，防止挖掘出的土砂掉下來（圖 5-1），如果有損害根系的風險，尺寸就也必須是最低限度的大小。此外，積水或地下水湧出的情況也應限制在可調查的範圍內。

由於設置斷面的前方是用來同時觀察植被狀，應注意不要踐踏、割草或將挖掘出來的土壤填埋上去。

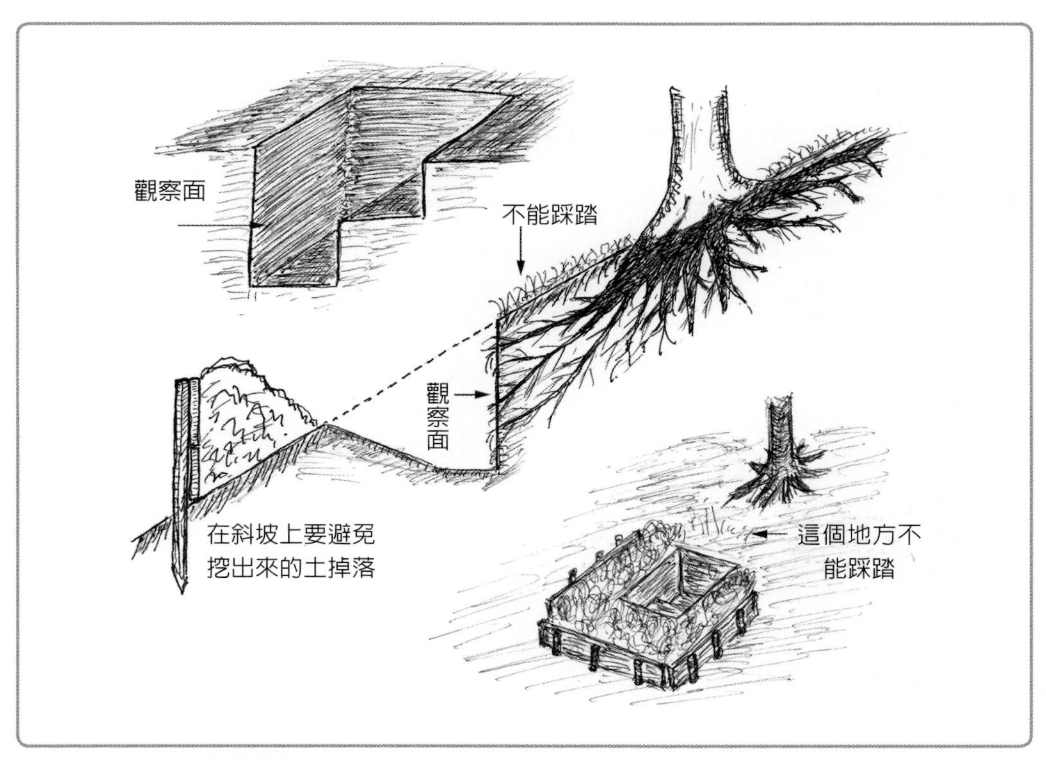

圖 5-1　設置土壤斷面的觀察

3 斷面的觀察方法

調查票的格式雖然會因調查目的而異，但一般的觀察項目包括地層分類、母材、土色（使用標準土色帖）、硬度／密度／緊實度（使用硬度計或手指感覺）、透水性／透氣性（使用土壤通氣透水測定器等）、是否有石礫層或硬盤、土壤性質（手指感覺）、土壤結構、礫石含量、孔隙量、水分（含水量）、是否有浸出堆積層、是否有草木質根系等等。水分含量、是否有淋溶堆積層、是否有菌絲或菌根、是否有草本的根或木本的根以及其量等以肉眼觀察（圖 5-2）。首先，用山菜刀、扭轉鐮刀或剪定鋏等整理斷面，然後用以 10 cm 爲間隔並有顏色區分的折疊尺或其他帶有刻度的工具，畫出草圖並拍照。如果斷面有被陽光直射或被影子遮住的部分在這種情況下，會造成對比過強無法拍照，這時可以使用白色不透明的床單、雨傘或類似物品來遮擋陽光直射。如果斷面太暗，可使用反光板等來照亮斷面。

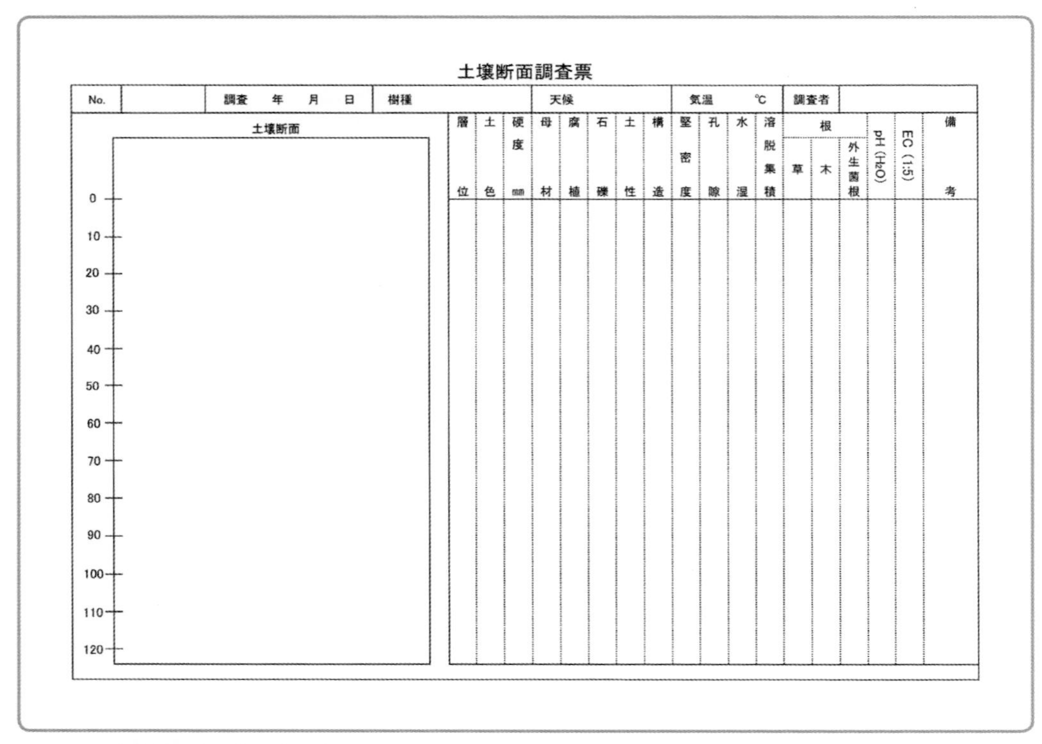
土壌断面調査票

No.		調査　年　月　日	樹種	天候	気温　℃	調査者	

土壌断面

0
10
20
30
40
50
60
70
80
90
100
110
120

層位	土色	硬度 mm	母材	腐植	石礫	土性	構造	堅密度	孔隙	水湿	溶脱集積	根			pH (H₂O)	EC (1:5)	備考
												草	木	外生菌根			

圖 5-2　土壤斷面調查票的例子

土壤分類標準和斷面觀察方法，在這裡對現場的判斷作簡要介紹。

(1) 觀察堆積方式

透過觀察土壤如何堆積，可以確定土壤成因與樹木生長之間的關係。這一點在第三章中已經介紹過，下面再次介紹。

- 殘積成土壤：當母岩在同一個地方沒有移動，風化而形成（斜坡上部、山頂平地）。
- 運輸而成的土壤：土砂由上方落下，移動到下方堆積。

重力形成的土壤：斜坡因重力而移動堆積。

匍行土：由土層的上下逐漸相互混合，並從斜坡上往下逐漸移動形成。

崩積土：上方因土砂重力而崩塌堆積而成。礫石和砂以未分類的混合物形式堆積。很多像土石流那樣有大量水流（洪水）也有關係。

水成土：當土砂被水流帶走並堆積在水底時形成，堆積物被水流按顆粒大小分類。越往下游，顆粒就越細，但是由洪水堆積的話就會互相混合。

海積黏土：沙洲和沙嘴。當從河流供給的土砂被海流帶到海岸線堆積並逐漸被海風帶到內陸時，就會形成海岸沙丘。如果河流很短，到達大海的時間也很短，那麼海岸就不是沙子而是礫石。

沖積土：沖積扇、三角洲、河床、天然堤壩、後背溼地。

湖沼和沼澤地土壤：由上游攜帶的細小礦物顆粒，與生長在湖岸砂地和沼澤地的植物殘體混合後逐年沉積形成。

階地土：形成於土壤被水流剝蝕的地方。

冰磧土：被冰川沖刷和運輸的砂礫，在冰川的後退的地方被留下。在日本很少見，在飛驒山脈和日高山脈發現了非常小規模的。沒有水流的分類，所以是大小的角礫混合。

風積土：火山灰在日本容易被偏西風搬運，所以容易在火山的東側形成。

- 聚積土：由於低溫、溼度過大等原因，使草本有機物的分解速度非常緩慢，而堆積速度較快時形成。分爲低位泥炭、中間泥炭和高位泥炭。
- 農耕地土：自然形成的土壤被人類反覆耕作、種植和施肥等而形成。即使地點改變，也有一定的傾向，如水田、旱田、果園和牧場的土壤，有各式各樣的特徵。由於現代農業使土壤普遍被機器耕作，作物層下面的土壤（一般不到 20 cm 深）常常被固結。這影響了作物根系的發育。

- 人造地：因人工形成的土壤。性質極爲多樣，很難找到一致的趨勢，而且在大多數情況下，沒有自然土壤層的存在。被挖或塡的土地、塡土造地（建築廢料、海底挖出的堆積物和垃圾）、道路斜坡、塡海造田等。

(2) 土壤侵蝕的類型和程度

如果土壤建立在斜坡上，定期除草或不斷清理的話，表面往往會受到侵蝕。侵蝕的存在與否很重要，因爲那對樹木的生長有重大影響。侵蝕模式可分爲以下幾類，每一類可分爲非常輕微、輕微、中度或嚴重。

- 水的侵蝕

  片狀侵蝕：薄皮的表面侵蝕。

  溝蝕：形成小溝的侵蝕。

  濺蝕：形成深溝的侵蝕。

  滑坡：在土壤層和下層岩盤之間的邊界形成水膜，導致整個斜坡向下滑動和移動。

- 風蝕：由風引起的侵蝕。在太平洋沿岸，早春沒有莊稼時的農田或校園的地面經常出現被強風捲起沙塵，這就是典型的風蝕。武藏野高原的土壤基本上是黑土，但農田上的黑色土層較薄，因此被認爲與這種風蝕有關。大規模的風蝕出現在沙漠地帶和沙漠化地帶，歐亞大陸的內陸產生的黃沙經常被吹到日本。在北海道，能將春天的土灰吹到空中的強風，因爲也能吹飛乾掉的馬糞，因此被稱爲「馬糞風」。
- 崩落：發生在陡峭的山坡。

(3) 土壤礦物的母材

爲土壤生成過程中形成的土層提供材料的細碎礦物被稱爲母材。在岩石成爲土壤母材之前，不僅要經歷物理風化，還要或多或少地經歷化學風化。母材一般分類如下。

- 非固結的火成岩：火山岩、火山碎屑物、火碎流堆積物、火山礫、浮石和火山渣、火山灰等。
- 固結的火成岩：集塊岩、流紋岩、安山岩、斑岩、花崗岩、玄武岩、閃長岩、輝綠岩、輝長岩、橄欖岩等。

- **非固結的堆積物**：礫石、砂（粉砂）、泥、錐崖堆積物和土石流堆積物。
- **固結堆積岩**：礫岩、砂岩、泥岩、凝灰岩（凝灰岩主要是風積或水積後凝固而成的火山性的東西，但根據其形成過程被列爲沉積岩）、頁岩、板岩等。
- **半固結和固結的堆積岩**：礫岩、砂岩、粉砂岩、泥岩、石灰岩等。
- **變質岩**：角岩（由接觸變質作用形成的變質岩的總稱，沒有明顯的方向性結構）、黑矽石（由海洋板塊底部的放射蟲等的矽酸質的生物遺體堆積固結化形成，在日本存在於中間構造線以南稱爲增生複合體的地層中）、粉砂岩和矽卡岩（由接觸變質作用和廣泛變質作用中大量的矽酸反應形成。在日本，它存在於中線構造線以南被稱爲增生複合體的地層中）、石英岩、矽卡岩（石灰岩和白雲岩經過接觸變質作用和區域變質作用時，與大量的矽酸反應而形成，以鈣爲主成分的矽酸鹽礦物）、片岩、片麻岩、角閃岩等。
- **植物殘體**：高位泥炭、中間泥炭、低位泥炭等。

(4) 層位區分

對於未受人類干擾的天然殘積土（圖 5-3），分類一般如下，從上層開始依序向下進行區分。但對於受人類干擾或被上面的土砂覆蓋的斷面，以羅馬數字由上到下寫成 I 層、II 層……，後面的括號裡則是原來的層級〔例如：第 I 層（A、B 和 C 層的混合物，因上方崩塌而被覆蓋），第 II 層（原來的 A 層）…… 〕。在以前的時代，從上面崩塌的土壤覆蓋的土壤斷面上，A 層或 B 層後面可能是以前的 A 和 B 層。在較新的崩落區，以前的 A 層上很多都被砂礫層覆蓋。

- **O 層**：在森林土壤調查法中被稱爲 A_0 層。在泥炭和黑泥以外的地表由未分解的枯枝落葉等，或已分解的由植物殘體組成的 100% 有機物層堆積而成，很少有水飽和的情況。根據有機物的分解狀態，從上開始依次區分爲 3 個：L 或 O(L)（枯枝落葉層），F 或 O(F)（有機物分解發酵中的發酵層。腐朽和分解正在進行但是還能識別出植物組織），及 H 或 O(H)（分解到無法識別植物組織的腐植化層）。在過度潮溼的土地上，泥炭層被標爲 H(P)，黑泥層被標爲 H(M)。如果眞菌的菌絲形成了菌絲網路層，就會被標記爲 M 或 O(M)。

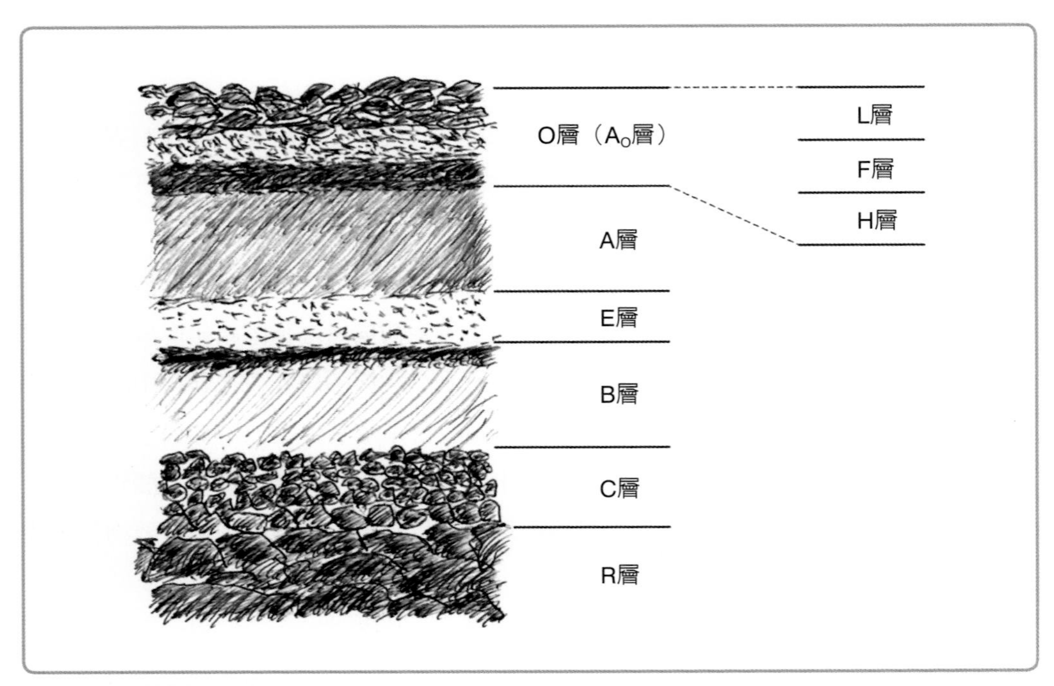

圖 5-3　**自然森林土壤的層位區分示意圖**

- **A 層**：基本上是無機層，但從 O 層（A_O 層）提供的膠體狀腐植質微粒附著在無機礦物的表面，顏色爲黑褐色，土壤結構發達。無機礦物來源的岩石和堆積物已經被嚴重風化，失去了組織結構。根據腐植質混合程度和土壤結構，從上到下依次分爲 A1、A2 和 A3 層；在 A 層的下面可能有鐵、鋁等淋溶的層，被稱爲 E 層；在 A 層和 B 層之間的中間條件下，影響較強的層被稱爲 AB 層或 BA，以影響的強度爲先。
- **E 層**：O 層中的有機物分解非常緩慢，爲此形成大量的有機酸，並因此淋溶了鐵氧化物、鋁氧化物、黏土、腐植質等。相對的富含玻璃質砂和淤泥的灰色層，在許多情況下，即使發生了有機酸的溶解，也無法識別 E 層。具有明顯層的土壤類型被稱爲灰化土。
- **B 層**：這是在 A、E（淋溶層）、泥炭和黑泥層下面形成的無機層。以無機礦物爲來源的岩石和堆積物已經被風化了，而且往往失去了組織結構。從上層的 E 層淋溶下來的矽酸鹽礦物、鐵、鋁、腐植質、碳酸鹽、石膏和矽酸等聚積的層，以薄層

（聚積層）存在於 B 層的最上部。土壤結構通常是粒狀、塊狀或柱狀，但也經常會和下層 C 層中的岩石風化物相互混雜形成混合層。

- C 層：由 A 層和 B 層的無機礦物母材岩石，在經物理和化學風化變成碎屑狀或非固結堆積物後形成的層。幾乎不包含有機物。由於從上面淋溶的物質經常聚積，黏土礦物、鐵和鋁的氧化物也常出現在碎石的間隙中。
- R 層：未風化的母岩、基岩。通常斷面不會設定在這個層次。
- M 層：菌絲網路層，由外生菌絲束聚積形成的灰白色海綿狀層位。
- G 層：高地下水和上層滯水會導致土壤處於還原狀態，並讓鐵等金屬成爲氧化亞鐵，使土壤呈現灰白色，有時爲藍色。

(5) 土色判定

土壤顏色極爲重要。深色或淺色反映了土壤有機物的含量，顏色越接近黑色，有機物的含量就越多；越接近白色，有機物的含量就越少。土壤中鐵的含量和氧化狀態也會影響土色。如果土壤是紅色，那麼鐵就主要呈現 Fe_2O_3〔氧化鐵（III）或稱三氧化二鐵〕的狀態；如果土壤是灰色或藍色的，那鐵就主要呈現 FeO〔氧化鐵（II）或稱氧化亞鐵〕的狀態；如果是黃色或棕色，那鐵就主要呈現 Fe_3O_4〔氧化鐵（II、III）或稱四氧化三鐵〕的狀態。此外，鐵在潮溼的環境中，可以以各種方式與羥基結合，產生各種形式的氧化鐵或氫氧化鐵，還可能含有硫或銅，使土壤呈現綠色，從而使土壤有多種顏色變化。

土壤顏色通常是根據孟塞爾顏色系統（根據美國藝術家阿爾伯特．孟塞爾創建的顏色系統所修改的顏色系統）使用標準土色帖來判別。在明亮的陰影處，而不是在陽光直射下，比較土壤塊和土色帖的顏色圖表。以色相（各頁）、明度／飽和度記號（打開的右側頁）和顏色的通用名稱（打開的左側頁）標示。由於土壤在潮溼和乾燥時顏色不同，當土壤乾燥時，要讓土壤略微溼潤（約爲田間持水量的程度）後判斷顏色，日後在土壤風乾後再次判斷顏色，並將乾燥和潮溼的顏色一併記下。一般情況下，土壤的色相不會隨著乾燥而改變，但亮度和飽和度會變化，隨著土壤的乾燥，亮度會增加（在顏色表列的上方），飽和度會降低（在顏色表列的左側）。順帶一提，日本製的農林水產技術會議監修的標準土色帖，在全世界獲得高度評價，因爲當色片暴露在紫外線或水中時，顏色也不會輕易改變。

(6) 硬度、密度和緊實度

硬度和密度是作爲同樣意義使用，通常使用山中式土壤硬度計測量。如果斷面不平整，就用山菜刀或扭轉鐮刀做平面，並用圓錐體處垂直壓在表面上再看貫入度。緊實度是不使用儀器的感官方法，用拇指指腹往斷面壓下去來確定硬度，因爲這需要技巧，所以目前沒有廣泛使用，但是拇指法即使在有很多碎石的情況下也可以使用，即使截面不光滑，甚至在大礫石之間的狹窄縫隙也可以進行土壤硬度判斷。雖然用硬度計測量硬度與拇指判斷之間有很高的相關性，但有些人認爲，以拇指判斷對預測作物根系的發育更有幫助，因爲可以敏感地判斷出用硬度計無法表達的土質細微差異。然而，由於這不是一種定量測量，而是一種感官方法，因此判斷結果往往會因調查者的能力和其他因素而不同。

緊實度的判斷是按以下方法進行，但植物根系能否良好生長的標準取決於植物的種類和土壤的特性。

- 很鬆軟：非常疏鬆，沒有阻力，手指可以直接插入。山中式土壤硬度計的硬度指數爲 10 mm 以下。
- 鬆：鬆軟，有一定的阻力，但手指可以輕鬆插入。硬度指數爲 11～18 mm。
- 軟：中等，能感覺到強烈的阻力，如果手指可以插入的話是鬆而接近軟，如果輕微下壓會有指印殘留的話則是硬而接近軟。硬度指數爲 19～24 mm。
- 硬：緊密，手指無法插入但留下指印。硬度指數 25～28 mm。
- 非常硬：極其緊密，完全沒有指印。硬度指數爲 29 mm 以上。
- 固結：非常堅硬，不能用刀或扭轉鐮刀削下的硬度。

(7) 土壤性質

國際土壤學會法將土壤性質分爲十二類，如圖 5-4 所示，但由於在現場難以根據國際土壤學會法對土壤性質進行詳細分類，所以通常採用基於日本農學會法的簡單指感判斷。有幾種指感判斷的標準和記號法，下面是判斷標準的例子。如果斷面的 50% 以上被礫石覆蓋，則被視爲礫石土，同時記錄礫石之間空隙的土壤性質。判斷觀察的斷面中礫石比例需要技巧，而判斷礫石間的土壤性質也是如此。

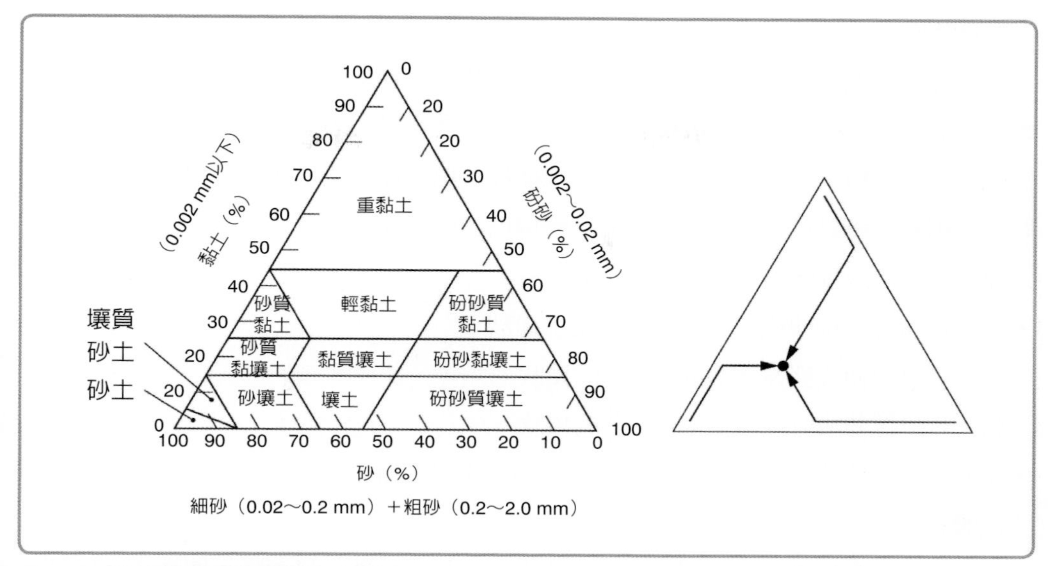

圖 5-4　**以三角圖法表示土壤性質**
圖中的（　）內表示粒子的粒徑

- 沒有可塑性，沒有黏著性：砂土、壤質砂土。
- 可塑性弱～中等，黏著性弱：砂壤土、壤土。
- 可塑性弱，黏著性強：砂質黏壤土、砂質黏土。
- 可塑性高～極強，黏著性強～中：砂砂質壤土。
- 可塑性高，黏著性強：黏質壤土。
- 可塑性極強，黏著性強：砂砂黏壤土。
- 可塑性極強，黏著性極強：重黏土、輕黏土、砂砂質黏土。

日本農學會法將黏土定義爲顆粒大小爲 0.01 mm 以下，並根據黏土含量將其分爲以下 5 類。

- 砂土（S）：12.4% 以下
- 砂壤土（SL）：12.5～24.9%。
- 壤土（L）：25.0～37.4%。
- 黏土壤（CL）：37.5～49.9%。
- 黏土（C）：50.0% 以上

① 可塑性

當外力作用於土壤時，土壤是否能保持其狀態或容易崩壞有一個標準。可塑性越強，土壤粒子越小、黏性越大。土壤乾燥時，將其弄溼，取少量與田間持水量差不多的土塊，用拇指、食指和中指一點一點地揉搓，使其伸展成棒狀。可塑性和土壤性質有高度相關，所以可以這種方法用於判斷現場的土壤性質。

- 無：完全不能拉伸成棒狀。
- 弱：勉強可以拉伸成棒狀，但很快就會斷裂。
- 中：可以拉伸成直徑為 2 mm 左右的棒狀。
- 強：可以拉伸成直徑為 1 mm 左右的棒狀。
- 極強：可以拉伸成長 1 cm 以上、直徑 1 mm 以下的細線狀。

②黏著性

與土壤性質和可塑性密切相關，因此常常不判斷黏性，只判斷土壤性質。為了確定黏性，在土壤中加入少量的水，使黏性最大化，將一小塊土壤放在拇指和食指之間，稍加揉捏，然後移開手指，看這塊土壤對手指的附著狀態。

- 無：幾乎沒有附著。
- 弱：只附著在一邊手指上，而另一邊手指沒有附著。
- 中：當手指鬆開時，土塊有點像線一樣伸展。
- 強：當手指鬆開時，土塊伸展成線狀。

(8) 土壤結構

土壤結構是指土壤粒子之間的連接方式，為土壤發育程度的指標，也是決定根系是否容易發育的重要因素。圖 5-5 是一個分類的例子，各個發展程度分為強、中、弱。

- 平板狀（板狀）：自然斷裂的面朝水平發展。傾向於從上面壓實的土壤最表層較容易發展。
- 柱狀：自然斷裂的面朝垂直發展。傾向於黏性溼地土壤乾燥並有強烈的凝聚作用時容易發展。分為以下兩種類型：

  角柱狀：形狀呈角狀，存在於排水乾燥的水田土壤表面。

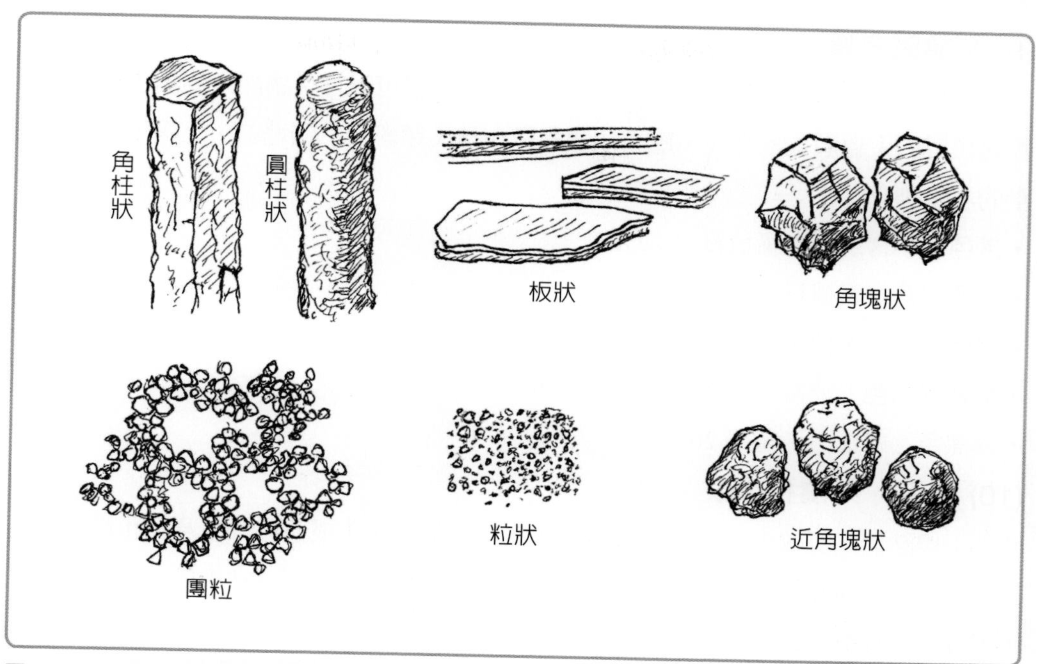

圖 5-5　**土壤構造區分的示意圖**

圓柱狀：沒有角的狀態。

- **等方狀**：自然斷裂的面不論在水平還是垂直方向上的發展程度皆相同。可以細分爲：

  角塊狀：用手掰開土塊時，裂縫的表面相當光滑，有一些稜角，每面都與相鄰土塊的表面整齊地重疊在一起，直徑 2 cm 以上。角塊狀裂縫光滑，略帶光澤，是一個呈堅果狀的堅固塊狀物。堅果狀構造容易在乾溼反覆丘陵山脊土壤上發展。在日本西部常見。

  細塊狀：從形態上看是角塊狀，但直徑爲2 cm以下。其中有些也是堅果狀構造。

  近角塊狀：沒有稜角而是圓形，表面也不光滑。抓起來容易壓碎。

  粒狀：表面相當粗糙，不與相鄰的粒子相連。

  細粒狀：形態上是粒狀，但直徑小於 2 mm。

- **團粒**：由於腐植質的膠合作用，沒有稜角的細粒鬆散地結合在一起。握住時很容易壞掉。

(9) 腐植質含量

在實地調查中不可能明確地判斷腐植質含量，但可以從土壤顏色的黑色程度來估算腐植質的大致數量。然而，應該注意的是在林火頻繁發生的地區，土壤可能會被微量的木炭染黑。

- 淺色：不含或略含腐植質，< 2%。
- 深色：含有腐植質，2～5%。
- 黑色：富含腐植質，5～10%。
- 顯著的黑色：非常富含腐植質，10～20%。
- 深黑色：腐植土，超過 20%。

(10) 淋溶、聚積和斑紋

土壤斷面的斑紋表現出了土壤的灰化作用、部分氧化或還原，以及鐵和錳的積累等。斑紋的有無和類型對了解土壤的化學狀態很重要，如是否存在季節性過溼和還原程度等，一般分爲以下幾種：

- 絲狀、細根狀：因細根的伸長而產生的孔隙，供給氧氣使鐵氧化，呈現紅褐色～褐色，或鐵和鋁被有機酸溶解，呈現灰白色。
- 膜狀：在裂縫的壁上和土壤塊之間發展。
- 斑點狀：基本上是潮溼的，通氣透水性差，但在夏季乾燥期等會變成非常乾燥的黏質壤土，形成錳斑或混合錳和鐵的黑斑。
- 管狀：在溼地土壤中伸長的粗地下莖和根周圍發展，地下莖和根枯死腐爛消失後，管狀（筒狀）的呈現紅褐色。
- 脈狀：在已潛育化的土壤上部腐爛根的空隙中發展。

(11) 乾溼

根據握住土塊時的狀態感覺來判斷。實際含水量和手感判斷之間有很高的相關性，但這取決於土壤的類型：砂土即使含水量較小，也能感覺到水氣，而黏土即使含水量與砂土相同，卻會感覺比砂土乾燥得多。有機質含量高的黑土往往感覺比其他含水量相同的土壤更乾燥。此外，還要記錄降雨後的時間，因爲乾燥和潮溼程度隨著降雨後的時間推移有很大的不同。特別是在冬季氣溫低時，即使是乾燥的土壤也很冰冷，因此很容易被誤認爲是溼的。下面是分類的例子，但不同的調查員判斷標準和表達方式存在差異，例如：有些測量員將「潤」描述爲比「溼」還要更溼。

- 乾：握著土塊也完全感覺不到溼氣。
- 半乾：握著土塊時是乾的，但能感受到輕微的溼氣。
- 半潤：握著土塊時感覺到溼氣。
- 潤：用力握著土塊時會有輕微的水滲出。
- 溼：握著土塊時，水會滴下來。
- 過溼：舉起土塊的話，水就會滴下來。

(12) 根量和外生菌根的有無

爲了掌握棲地環境而進行的根系調查，有根系的深度和分布、根系的形狀、根系表皮顏色等等，目的是確認地形和地質對根系發育及土壤的影響。

在山坡上，一棵樹的根系在山側和在谷側的發育不同，而且發育也會受到岩盤和硬殼層阻礙。樹木根頭伸出的形狀反映出了這種情況，所以能觀察根頭的形狀和用「挖掘法」而暴露出的粗根上部的發育狀況，但在斜坡上，應特別注意挖掘出的土壤落下。

根系中具有吸收營養和水分功能的細根深度和分布，一般可以透過使用土壤取樣器盡可能地取樣，並確認取樣的土壤中是否含有細根。通常根系發育狀態在潮溼和乾燥的土壤環境中有顯著差距，在乾燥的土壤中，根系有更廣更深的傾向。此外，能發現根系在風較強的地區會更廣，而在風較弱的地區則變得狹小。當硬殼層處於淺層時，根系往往較淺，比如林內木樹冠位置較高時，由於較低的樹枝向上枯萎，根系則會有變窄的傾向。

根量調查是以游標尺測量粗度 2 mm 以上的根系直徑，並在斷面圖上寫下，再按層位用「無」、「稍有」、「有」、「稍多」、「多」和「非常多」區分，記錄根系整體數量的多寡。筆者使用過在斷面放上有 10 cm 網格的網，並記錄各個網格的根量和粗度的方法。關於菌根的部分，雖然可以用肉眼看到外生菌根是否有在根系尖端的細根形成，但其他形式的菌根無法用肉眼看到，所以只記錄外生菌根的有無。

此外，應記錄斷面上根部表皮的顏色、腐朽根的有無及多寡等。除上述內容外，還有一些其他項目要在現場確定，但應根據調查的目的和所要求的精確度來取捨。筆者實際使用的土壤調查票例子見圖 5-6。

土壌断面調査票

傾斜度:10° 傾斜方位:NE 標高560m. B_D(d)

No.	1	調査24年10月5日	樹種 ケヤキ	天候 晴	気温 13 ℃	調査者	

土壌断面（深度 0–120）

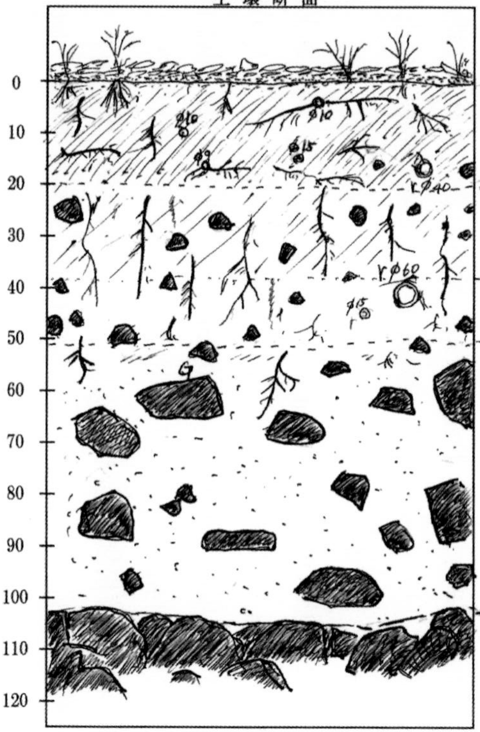

層位	土色	硬度 mm	母材	腐植	石礫	土性	構造	堅密度	孔隙	水湿	溶脱集積	根 草	根 木	根 外生菌根	pH(H_2O)	EC(1:5)	備考
A1	7.5YR 2/2 黒褐	10~15	安山岩	富む	あり	SL	亜角塊状	すこぶる鬆	すこぶる富む	潤	なし	含む	多し	なし	5.6		φは根の直径(mm) rは太い根 Gは巨礫
A2	7.5YR 3/2 黒褐	12~17	安山岩	やや富む	含む	SL	亜角塊状	鬆	富む	潤	なし	なし	多し		5.3		
A3	7.5YR 3/3 暗褐	15~20	安山岩	含む	含む	SL	角塊状	軟	やや富む	潤	なし	なし	多し		5.3		
B	7.5YR 4/3 褐	20~24	安山岩	あり	すこぶる富む	SL	角塊状	堅	含む	湿	局部的集積	なし	あり		6.0		
C		-	安山岩	-	礫層	G											

圖 5-6　土壤斷面調查票的紀錄例子

土壤有機質的化學

6.1 土壤有機質和腐植質的性質

當植物的葉、莖和根等，枯萎並成爲土壤有機物時，會逐漸被土壤中的動物和微生物分解並無機化，最終回歸爲二氧化碳，但分解的速度因物質的不同而有很大差異，有些物質即使被分解得細碎，但仍長期保持不被無機化的狀態，並以「腐植質」的形式大量積累在土壤表層。

腐植質在鹼性和酸性中的溶解度不同，可分爲三大類：

- **腐植酸（胡敏酸）**：可溶於鹼性水，因爲在極強的酸性水中會沉澱，所以可以被提取。主要是大分子物質。
- **黃腐酸**：可溶於鹼性和酸性的水，主要是低分子量物質。
- **胡敏素**：不溶於兩種水的穩定物質。

然而，由於這些物質的區分在操作上有差異，所以並沒有很大的生態學意義，但腐植酸的分子量通常較大，黃腐酸的分子量較小。此外，這兩種物質的化學結構都是無定形的，分子量從數百到數萬不等，而且分子結構極其複雜，所以全貌尚未被弄清楚。

在生態學上，腐植質可分爲在土壤中逐漸分解，提供氮、磷、鉀等無機養分的「營養腐植質」；以及長期不分解，增加土壤的陽離子交換能力（Cation Exchange Capacity, CEC，一定量的土壤粒子吸收陽離子的能力），促進形成團粒結構的「耐久腐植質」。

耐久腐植質的主要供給源是組成植物細胞壁的木質素，而纖維素和半纖維素雖然也是細胞壁的組成部分，但它們很快就會被微生物降解，因此很少成爲穩定的耐久腐植質。

Column 20

木質素

木質素會使植物細胞壁變硬。是結構極其複雜的巨大分子，為多酚的一種。多酚具有抗菌效果，是植物為了防禦而在體內產生。木材比草不易腐爛，可能是因為細胞壁中木質素含量高。能有效地分解木質素的是擔子菌中白色腐朽菌的群體，而子囊菌和細菌幾乎沒有分解能力。人們對木質素難以被微生物分解的原因不是很了解，但筆者認為，這部分可能是因為木質素是一種由多酚類物質樹枝狀聚合而成的毒素，這使得它在被分解時對微生物來說毒性更大。

6.2 黏土和腐植質帶負電的原因以及具陽離子交換容量

黏土是結構複雜的極小礦物，但根據結構基本上可分爲板狀的層狀矽酸鹽礦物和像鋁英石（中空球狀）、芋子石和禾樂石（中空管狀）那樣的中空礦物。層狀矽酸鹽礦物具有矽四面體結構（圖 6-1 左）和鋁八面體結構（圖 6-1 右），這是兩種相連的形狀，1：1 型礦物由一個矽四面體片（圖 6-2）和一個鋁八面體片（圖 6-3）組成，

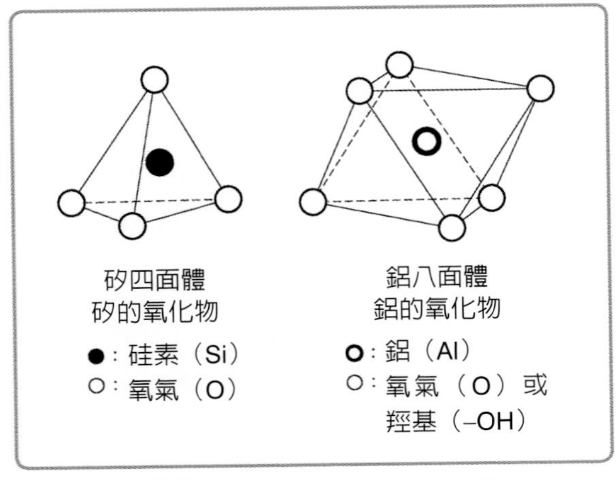

圖 6-1　具有結晶構造的黏土礦物基本結構

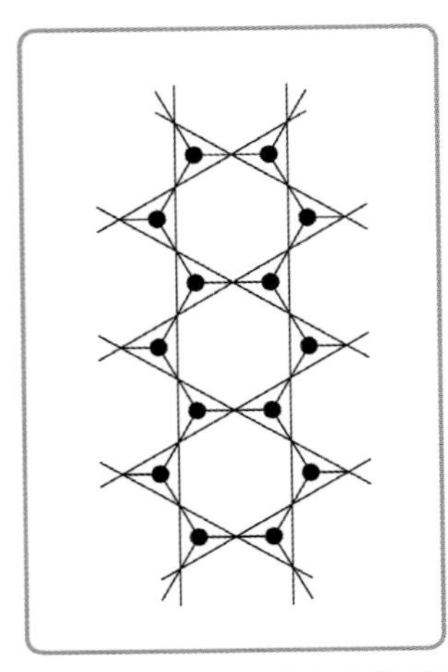

圖 6-2　矽四面體片的示意圖

兩個矽四面體片像三明治一樣夾著一個鋁八面體片，結合成 2：1 型礦物（圖 6-4），以及 2：1 型礦物和 2：1 型礦物之間夾著鋁八面體的 2：1：1 型礦物。

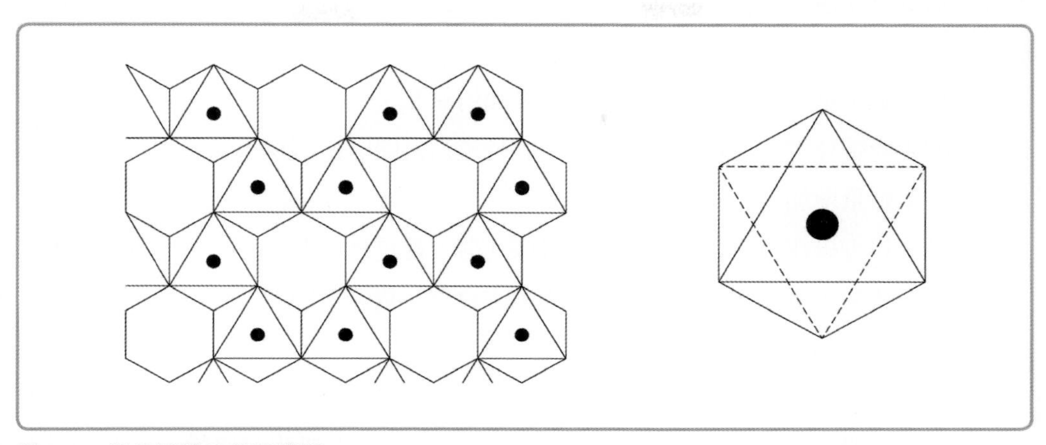

圖 6-3　鋁八面體片的示意圖

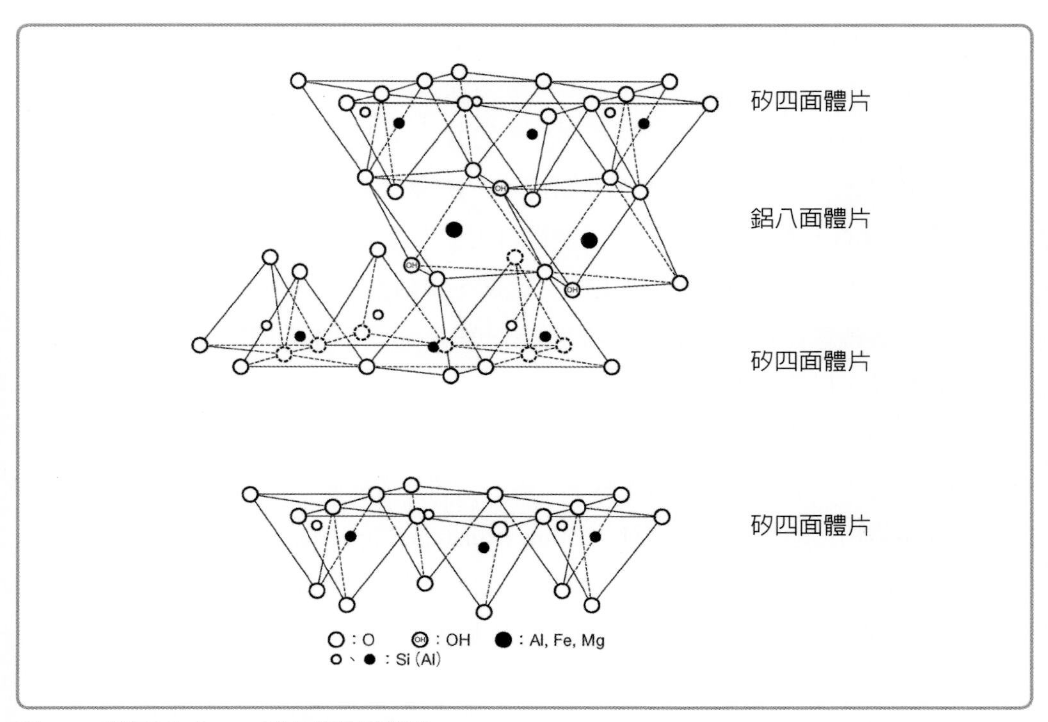

圖 6-4　蒙脫石（2：1 型）的結晶構造

矽四面體的中心有一個矽原子（Si），它與四個氧原子（O）攜手合作，但這四個氧原子中的三個與鄰近的矽四面體共有，剩下的一個與氧化鋁八面體中的鋁（Al）形成共價鍵。共價鍵是一種由兩個原子共享電子對（一組自旋相反的兩個電子）而形成的化學鍵。

在板狀黏土粒子四面體的情況下，最末端的氧原子沒有夥伴可以共價，所以有一個空著的手能帶負電。也就是說，土壤中的負電荷量隨著土壤粒子的變小而增加，因爲空著的手數量增加。

此外，鋁可以在矽四面體的中心位置取代矽。當這種情況發生時，矽有四隻手，而鋁只有三隻手，所以在氧原子裡，兩隻手中會有一隻空著的手，這就是產生負電荷的原因。

在氧化鋁八面體中，如果只有兩隻手的鎂取代了鋁的位置，那同樣的產生負電荷的氧原子也會以類似的方式增加。此外，在鋁八面體上與矽四面體面對面的氧原子，並沒有與四面體和八面體的面完全重疊，所以沒有夥伴可與之共價而多出一隻手，通常會以 OH 的形式與氫結合，電荷因此被消除，但當氫離開八面體時，就又會產生負電荷。

當土壤呈酸性時，即土壤溶液中有許多的 H^+，氫離子（H^+）附著在陰離子電荷上，使電荷被消失。然而，當土壤呈鹼性時，H^+ 被土壤水中的羥基離子（OH^-）所吸引，形成 H_2O，而氧原子的一隻手變得自由並形成負電荷。此時，鉀（K^+）、鈣（Ca^{2+}）和鎂（Mg^{2+}）等離子被吸引過來。因此，當黏土粒子呈鹼性時，其負電荷大，呈現會吸引各種鹼和鹼土金屬離子的狀態。一般來說，2：1 型礦物比 1：1 型礦物有更多的負電荷，以及更高的 CEC 值。

CEC 是單位重量的土壤塊陰離子的測量單位，即可以與陽離子連接的最大可能量。順帶一提，土壤粒子也帶著陽離子，雖然一般比帶陰離子的還要少，而陽離子的最大可能量被稱爲陰離子交換容量（Anion Exchange Capacity, AEC）。如下圖所示，腐植質的 CEC 與黏土的 CEC 一樣大或更大，但腐植質的陰離子的產生方式與黏土礦物的完全不同。以下黏土礦物和土壤的 CEC 值因測量時材料的 pH 值不同而有很大差異。

• 高嶺土（層狀 1：1 黏土礦物）：3～15。

- 禾樂石（管狀 1：1 黏土礦物）：10～40。
- 蒙脫石（層狀 2：1 黏土礦物）：80～150。
- 芋子石（中空管狀黏土礦物）：20～40。
- 鋁英石（中空球狀黏土礦物）：30～200。
- 砂（直徑為 0.02～2 mm 的礦物）：0～6。
- 腐植質（縮小到膠體大小的穩定有機物）：100～180。
- 黑土：20～50（100 左右，有些黑土的數值較高）。
- 褐色森林土壤：平均約 20 左右，但範圍非常大。

注：單位：mol/1 kg 乾燥土（meq．乾燥土 100 g）。

在植物殘體分解成腐植質的過程中會產生各種各樣的反應基（官能基）和化學鍵，其中主要的反應基見圖 6-5。在這些反應基團中，羧基和酚羥基在陽離子交換方面特別重要。與這些反應基的氧原子連接的氫原子不穩定，正如在黏土的負電荷一節中提到，當土壤是中性或鹼性時，氫被釋放出來並與羥基離子結合形成水分子，在反應基的氧原子上產生負電荷，使它們變成容易與氫離子以外的陽離子結合的狀態。當土壤呈酸性時，由於氫離子多，反應基的氧原子會與氫離子結合，使陰離子電荷消失，但如果腐植質中的反應基數量很多，在微酸性或弱酸性土壤中，陰離子仍然會被掌握在大量的反應物手中。例如：在酸雨研究很盛行時，曾做過一個實驗，將幾乎不含腐植質和黏土且 CEC 很低的砂土，和腐植質多、CEC 值高的黑土，進行實驗。將 pH 值為 3～4 的酸性人工雨長期施於這樣的沙土和黑土。在這個實驗中，砂土的 pH 值在很短的時間內就下降了，而黑土的變化不大。這就是因為黑土的腐植質中存在大量的反應基，因此，即使一些 H^+ 被吸附，負電荷消失，仍然還有大量的負電荷殘留。

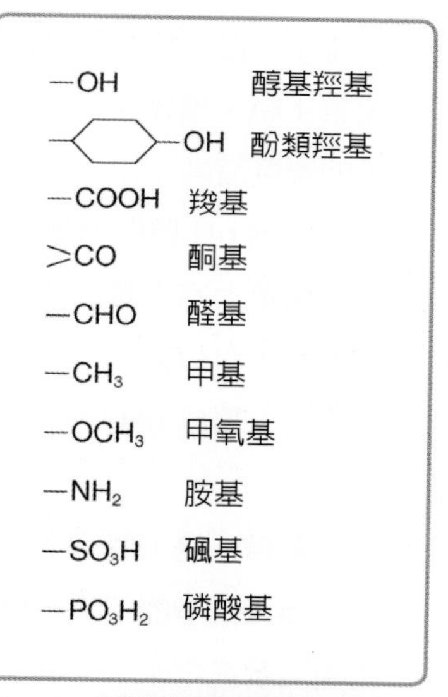

圖 6-5　腐植質中主要的反應基

Column 21

pH

pH 值是由丹麥化學家瑟倫·索倫森提出的概念，其中 p 是指數或有可能性的 potential 的意思，H 指氫離子。在日文中氫離子濃度指數是指一公升（1,000 cc）水中含有的氫離子（H^+）莫耳濃度的指數。水分子（H_2O）在很小的程度上解離成 H^+ 和 OH^-；當有更多的 H^+ 時，OH^- 就更少，而有更多的 OH^- 時，H^+ 就更少。這種關係方程式是：

$[H^+] \cdot [OH^-] = 1 \times 10^{-14} = 1/10^{14}$

成立的。也就是說，當一公升中有 $1/10^7$ 莫耳的氫離子時，一公升中就有 $1/10^7$ 莫耳的羥基離子，而當有 $1/10^5$ 莫耳的氫離子時，就有 $1/10^9$ 莫耳的羥基離子。換句話說，pH 值 5 表示一公升水中含有 $1/10^5$ 莫耳的氫離子，pH 值相差 1 時，氫離子的濃度相差 10 倍，相差 2 時相差 100 倍，數值越低，氫離子的濃度越高。

土壤 pH 值的測量方法是在一定量的乾燥土壤中加入一定量的水，充分攪拌後測量上方清澈的液體。一般情況下是加入調整到 pH 值為 7 的純水，所以寫成 pH（H_2O），但在潛伏酸度的情況下，要加入 1 當量濃度的氯化鉀溶液來測量，寫成 pH（KCl）。而通常 pH（KCl）的數值會比 pH（H_2O）低（大約相差 1）。

順帶一提，乾淨的雨水為弱酸性，pH 值大約為 5.6，而不是 pH 值 7。這是因為大氣中的二氧化碳溶解在雨水中，形成弱碳酸水（H_2CO_3）。石灰岩會逐漸溶解在雨水中，就是因為雨水是酸性的。日本的河水 pH 值通常為 6～7。這是因為當它流經大地時，會溶解土壤和岩石中含有的各種物質。

供應樹木生長的有機質的利用與還原

7.1 有機廢棄物的綠地還原

今後可能會變得更加嚴重的主要社會問題之一，是垃圾處理問題。其他問題包括大氣中二氧化碳濃度上升和全球暖化、乾旱、大氣汙染、水汙染、自然破壞、野生動植物滅絕、沙漠化加劇、人口快速增長和糧食短缺，以及新的流行病爆發和傳播等。由於眾多因素相互複雜作用，使這些問題被認爲難以解決。但在垃圾處理方面，盡可能緩解問題的措施之一就是將廚房垃圾、建築廢棄物、下水汙泥、家畜糞便、食物廢渣、樹皮和木屑、羊毛屑、棉毛屑、紙漿汙泥、修剪的枝條、枯枝落葉等，這些生物來源的有機廢棄物回收循環再利用，例如：可以作爲燃料、家畜飼料或透過將其回歸土壤改善貧瘠土，但如何將其還給土壤是一個大課題。

近年來在公園綠地中，爲了循環有機資源，並抑制土壤表面的蒸散作用和防止雜草，經常將行道樹修剪的枝條削下來均勻撒在土壤表面（覆蓋）或混入土壤中。因爲木質有機物大多是作爲廢棄物焚燒，因此這種方法在有效利用木質有機物方面意義重大，而對樹木的生長雖然有很多好處，但另一方面卻也有幾個缺點，而且其中一些還是很嚴重的。

1 有機廢棄物的綠地還原的得失

(1) 優點

這種方法對樹木和其他植物生長的優點有：

- 利用地表的蒸散作用來保持土壤水分。
- 防止土壤表層因踩踏而出現固結現象。
- 長期慢慢分解，提供無機營養物質，如氮、磷和鉀等。順帶一提，有機物幾乎包含了植物生長所需的所有必需元素。

- 抑制雜草生長、防止樹木被覆蓋和對水分的競爭。
- 在晚秋到早春時，維持較高的土壤表層溫度，促進根系活動。
- 防止雨滴和地表逕流對土壤表面的侵蝕。
- 透過爲土壤小動物和微生物提供棲息地和食物，而增加土壤生物的活動，藉此增加土壤孔隙，提高通氣透水性，並促進土壤團粒化。
- 鋪在硬化的地面上時，可以提供緩衝作用，減少行人的疲勞。這種方法除了有效利用資源外，由於其各種優點，已在全國許多公園和綠地中採用。

(2) 問題點

然而，這種方法可能存在以下缺點，並在現實許多地方出現問題。

大量的生有機物，特別是木屑和樹皮等木質有機物，覆蓋或混合在土壤表面時可能會引起各種障礙。尤其是土壤傳染性疾病和氮飢渴現象。

① 土壤傳染性疾病和蟲害的發生

木材的主要成分是纖維素、木質素和半纖維素，樹皮的話還多了蠟質的木栓質和單寧（多酚的一種）。這些物質都是木材的主要成分，需要花費時間來分解，而要腐朽腐植化就必須透過眞菌進行。在眞菌中，被稱爲木材腐朽菌的眞菌（主要是擔子菌類多孔菌目的菇，如多孔菌科）很重要。土壤中的木質有機物被這些腐朽菌逐漸分解，但同時也容易成爲其他土壤傳染性疾病的溫床。在眾多的土壤病菌中，廣泛攻擊樹木的白紋羽病（圖 7-1）、蜜環菌根腐病和白蠟多年臥孔菌白腐病（圖 7-2）等，一邊生活在土壤中的木質有機物，一邊尋找機會入侵樹木的根部，一旦入侵根部，就會透過吸收形成層、邊材和邊材薄壁細胞的營養來破壞並殺死它們，甚至會使大樹處於枯萎狀態。特別是白紋羽病如果感染到小樹，會在感染後的短短 2、3 年間枯萎死亡，同時陸續傳染給鄰近的樹木。白蠟多年臥孔菌是一種侵蝕根株的木材腐朽菌，容易成爲行道樹和公園樹木倒伏的原因。

在用木屑覆蓋的公園和神社裡，有時也會看到亮菌（圖 7-3）。蜜環菌和亮菌本來是森林疾病，以前在都市公園很少看到，但人們認爲土壤表面的覆蓋物和未分解有機物對土壤汙染與病害的蔓延有關。特別是完全沒有經過發酵的生木屑十分容易成爲土壤病害的溫床。

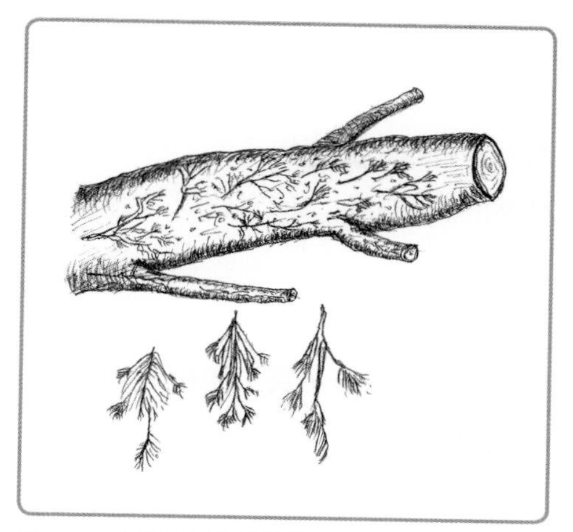

圖 7-1　罹患白紋羽病的根

圖 7-2　闊葉樹根頭凹陷部分，列狀出現白蠟多年臥孔菌的子實體

圖 7-3　亮菌的子實體在修剪下的碎枝條覆蓋物上成群生長

一旦這些土壤病菌侵入土壤，就非常難防除。在苗圃和果園中，將所有患病的樹木焚燒，並且清除土壤中未熟的粗大有機物，雖然可以對土壤進行消毒，但這種方法不能用於公園和綠地，因爲必須要在保持樹木活力的同時恢復其生命力。此外，在完全土壤消毒方面也有許多技術上的困難，因此實際上是不可能的。

木屑覆蓋物對害蟲來說，可能變成雞母蟲等切根蟲的溫床。大樹很少因切根蟲而枯死，但如果有大量切根蟲存在，低矮的灌木和幼樹可能會衰退或死亡。筆者年輕時在進行綠化樹盆栽實驗時有過一次慘痛的經歷，當時將山砂與樹皮堆肥混合作爲培養土，然後在表面覆上樹皮堆肥，又加上因爲堆肥的品質不好，使實驗樹的根被大量爆發的雞母蟲吃掉而死亡。

② 碳氮比高

樹木的細胞和細胞壁由纖維素、半纖維素、木質素、蛋白質、澱粉、蔗糖和脂類組成，而構成骨架的細胞壁主要由纖維素、半纖維素和木質素三種成分組成。從葉子和枝條頂端部分的乾物碳含量、氮含量和碳氮比來看，任何部位的碳含量變化都不大，都在 50% 左右，但氮含量因部位不同而有明顯變化，碳氮比（C-N ratio，C/N 值）如下：

- 豆科作物的莖和葉：15～20 左右。
- 闊葉樹的落葉：50～65。
- 水稻秸稈：60～70。
- 小麥秸稈：100～110。
- 落葉闊葉樹的樹皮：300～350。
- 針葉樹的樹皮：500～1,300。
- 針葉樹木材：800～1,500。

因此，植物來源的有機物的碳氮比會因部位或類型而有很大不同。因此，分解或堆肥的難易程度和所需時間也不同。就葉子而言，即使被堆積並只有偶爾攪拌，也只要 2、3 個月的時間就十分足夠堆肥化，但樹皮的話需要一年以上，木材需要 2、3 年或更長時間才能成爲完熟的堆肥。因此，當葉子、樹皮和木材混合，並將和各種樹的修剪枝條進行堆肥時，葉子很快就會腐熟，但木材的部分卻很慢，因此會有儘管乍看之下似乎已經熟了，但木材的部分幾乎還未成熟的現象。這種情況在家畜排泄物的堆肥中特別明顯，因爲木屑和刨花被混入作爲除臭和控制溼度的墊料。此外，即使是在樹皮堆肥這種主要木栓質進行堆肥的情況下也是，木屑、木栓部分和內樹皮（甜樹皮）部分的分解速度也不同，因此，一般約 6 個月的熟成時間是非常不夠的，只有木栓塊的表面分解，內部還留著堅硬的芯，而木質也完全未分解，只是著色變黑而已。

如果大量的樹葉和草本的莖在沒有充分堆肥化的情況下被混入土壤的話，會快速分解產生大量的二氧化碳，使細根因缺氧而枯死，有可能造成所謂的根腐。

使用有機廢棄物作爲土壤改良材料時，最重要的課題是如何將有機物還原爲對植物有益的材料。然而問題在於有機物的熟成程度（也稱爲腐熟）。

有機物在碳氮比方面的熟成度參考如下，關於今後要使用的生闊葉樹樹皮：

碳氮比：400。

含水量：75%。

樹皮中的碳含量（乾重）：50%。

分解樹皮的微生物的碳氮比：平均 8（一般認爲範圍在 5～13 之間）。

分解微生物的碳利用率（吸收到真菌體中）：20%。

假設 1 噸生樹皮在沒有任何加工的情況下被施用到綠地土壤中，可以計算出以下結果：

樹皮的乾重：1,000 kg × (100 − 75)% = 250 kg

碳含量：250 kg×50% = 125 kg

氮含量：125 kg÷400 = 0.3125 kg

分解菌將樹皮分解吸收進體內的碳量：125 kg×20% = 25 kg

與吸收進真菌體内的碳量相對應的必要氮量：25 kg÷8 = 3.125 kg

不足的氮量：3.125 kg – 0.3125 kg ≈ 2.8 kg

也就是說，如果將生樹皮原封不動地放回土壤的話，分解菌就會出現缺氮現象，不能充分分解樹皮，造成上述的各種障礙。

因此，計算適當的碳氮比之後會是：

125 kg÷3.125 kg = 40

可以計算出碳氮比 40 左右最佳。實際上植物性有機物的情況下，植物體中的一些氮在被吸收進眞菌體內之前就被溶出，或以氨的形式揮發，所以堆肥的碳氮比應該小於 30，理想是 20～25。

相反地，試著計算看看，如果將雞糞這種碳氮比很低的材料直接施用到土壤中會怎麼樣，現在以半乾燥的雞糞爲例：

含水量：60%

乾燥雞糞的碳含量：30%。

乾燥雞糞的碳氮比：8

假設將 1 噸半乾燥雞糞施於綠地土壤中，會得到以下結果：

1 噸半乾燥雞糞中的有機物乾重：1,000 kg×(100 − 60)% = 400 kg

碳含量：400 kg×30% = 120 kg

氮含量：120 kg÷8 = 15 kg

分解菌吸收的碳含量：120 kg×20% = 24 kg

與分解菌吸收的碳相對應的氮量：24 kg÷8 = 3 kg

過剩的氮：15 kg − 3 kg = 12 kg

過量的氮以氨的形式揮發，以硝酸鹽氮的形式汙染地下水和河流，並讓植物的根產生濃度干擾，進而導致根腐。

以上介紹的兩個例子都相當極端，但在大多數情況下，生有機物都具有這些特性中的任何一種，而且很少有材料從一開始就具有良好的碳氮比，所以在施用時必須檢討是否有充分堆肥化。

③土壤微生物的碳氮比和施用未熟有機物造成的氮飢渴

如上所述，未分解的植物殘體中的碳含量約爲乾重的 50% 左右（重量比），雖然這一數值因植物的種類和部位不同而略有變化，但並沒有很大的差別。相較之下，氮含量變化極大，大量的氮是碳含量的一部分，少量的氮不到碳含量的千分之一。微生物分解的難易程度根據碳氮比（C/N 值）的不同而改變，數值小的物質分解快，施入土壤後可提供肥料成分。相反地，碳氮比高的物質在土壤中分解得很慢，比如針葉樹木材就可能需要很多年才能分解。在以前的文獻中，碳氮比經常被寫爲「碳含量」。然而，因爲有機物中碳含量變化很小，而氮含量對 C/N 值的變化有很大影響，因此碳含量這個用語並不合適。

另一方面，觀察土壤中分解有機物的土壤微生物體內的碳氮比以後可以發現，在田間土壤的微生物如下所示：

- 細菌：4～6。
- 放線菌：6 左右。

- 絲狀真菌的：10 左右。
- 絲狀真菌中的基底菌類：10～13。

分解性微生物通過細胞分裂繁殖的同時，分解有機物。爲了做到這一點，作爲分解對象的有機物必須含有相當數量的氮。例如：當碳氮比爲 60～70 的植物殘體（如水稻秸稈）與田間土壤混合時，由於分解微生物的分解對象所含的氮，不足以讓它們分解和利用有機物，因此而試圖利用土壤中的氮來繁殖。所以在水稻秸稈被充分分解的期間，植物無法利用氮而導致生長停滯。這就是「氮飢渴」現象。在針葉樹材的木片等材料中，幾乎不含氮，碳氮比爲 1,000 或更高，而且含有大量木質素，使分解性微生物難以繁殖，所以有機物的分解幾乎沒有進展，突然出現氮飢渴現象的可能性不大。然而，慢性氮飢渴現象卻會長時間持續。

與固氮菌共生的豆科植物莖葉被作爲綠肥施入農田土壤，但其他植物落下的枝葉和秸稈基本上沒有混入。其原因是豆科植物莖葉的碳氮比低，在土壤中能迅速分解，爲植物提供氮，而水稻秸稈的碳氮比高，造成激烈的氮飢渴現象。

2 堆肥化和堆廄肥的好處

爲了防止上述的各種病蟲害、氮飢渴或氮過量的障礙發生，必須充分堆肥化，避免使用生有機物。爲了製作好的堆肥，特別是用木質有機物製作的堆肥，必須要讓其有足夠的時間熟成並維持好氧發酵。在有氧發酵過程中，堆肥內部的溫度可以達到 60～80℃（有時甚至會到 120℃以上，導致自燃），這會殺死大多數病原菌、害蟲的幼蟲和卵。有害的酚類和單寧酸也會在 65℃的條件下發酵 2 週，或 60℃的條件下發酵 3 週的過程中變成無害。在堆肥廠，木質有機物被切碎，接著與雞糞等氮肥和極少量的磷肥混合，並在保持適當溼度的情況下，放置約半年堆肥化，在這期間翻攪 4～5 次，讓堆積物的中心也能有充足的氧氣維持好氧發酵。有時會加入特殊的發酵菌，但對其效果有一些爭議。原因是有非常多不同的微生物生活在有機堆積物中，當特定菌種過度繁殖的話，會抑制其他種類的菌生長。新鮮木片的情況下，因爲要經過大約半年的熟成期後才被運走，所以木質部分往往都還未熟。

(1) 施用堆肥的效果

將有機廢棄物作爲完熟堆肥施用於需要土壤改良的地區，換句話說，大量的優質土壤作爲客土用於植栽基盤，從根本改變綠化技術。像黑土這類富含腐植質的優質客土，往往是透過破壞農田和林地獲得。隨著環境問題越來越嚴重，今後不能再允許這種情況反覆發生。保全農田和林地，努力維持或提高其土壤的生產力，對於減少二氧化碳排放和長期固定碳來說極爲重要。筆者認爲，了解堆廄肥的重要性及其有效利用是現代最重要的課題之一。

① 堆肥對地力改善的效果

「地力」一詞是用來描述農田的作物生產力。影響地力大小的因素很多，大致可分爲自然條件和人爲條件，而自然條件又可進一步分爲土壤的內部因素和外部因素。這些都整理於表 7-1 中。在土壤條件所列的大部分項目都與腐植質密切相關。

關於「地力是什麼」有很多爭論，但可以概括爲「土壤培育植物的能力」（在農業用地中，培育作物的能力；在林地中，培育林木的能力）。對地力因素的分析可分爲自然條件和人爲條件，此外還有物理、化學和生物這三個因素，但在地力的改善方法中，堆廄肥十分重要。

表 7-1　左右農地地力的主要原因

① 自然條件	
地形條件	低地或山地、海拔、山脊、山坡或山谷、坡度、坡向、集水或散水地形等。
地質條件	母岩的類型、風化程度、母岩的基質含量、地層的堆積條件等。
氣候、氣象條件	日射量、降水量、積雪量、平均風速、有無海風等。
土壤條件	土壤性質、土壤結構、腐植質性質和多寡、通氣透水性、保水性、可溶性肥料成分量、保肥力、pH 值、對重金屬和發根阻害物質的緩衝能力、土壤微生物活動、土壤動物活動、土壤病原菌存在與否及抑制其增殖能力、有無表層土壤侵蝕（片狀侵蝕和溝狀侵蝕）。
② 人為條件	
耕耘的深度（有效土層厚度）	
肥料或堆肥的有無以及施用量	
是否使用除草劑等農藥	
灌溉和灌溉管理的有無以及灌溉的程度	
防風林和防風網的有無以及大小	

施用堆廄肥的效果可分爲「肥料的直接效果」和「土壤改良材料的間接效果」。作爲肥料，堆廄肥的肥效成分因原料不同而有很大差異，通常含有約 0.5% 的氮、0.2～0.3% 的磷酸鹽和 0.5～0.6% 的鉀，以及幾乎包含植物必要的所有微量元素。在堆肥的肥料成分中，鉀不是有機物（它不是植物細胞構成的成分），而且相對有速效性，而氮、鎂等元素則是有機物的形式。土壤中的磷酸通常以磷酸鋁、磷酸鈣或磷酸鐵等形式存在，難溶於水，而堆肥中的磷酸也是有機態的形式，所以不能直接被植物吸收。然而，隨著有機物分解的進行，它很容易變成無機化和可溶性，讓植物吸收起來相對有效率。不僅是磷酸鹽，有機物形式的氮和鎂也要先無機化才能被植物吸收，但這需要花費不少時間，所以連續施用堆廄肥的話，會積累特別多的氮量，使氮的長期供給力增加。此外，堆廄肥的分解導致腐植質顆粒變得像膠體顆粒一樣小，其表面帶負電，更容易與土壤中的活性氧化鋁結合，從而抑制其毒性。換句話說就是「抑制礬土性」，具有抑制磷酸在土壤的難溶解，提高磷肥的功效。此外，還能促進土壤結構的團粒化、提高土壤微生物的活性和促進根系的生長，發揮其重要作用。上述情況被認爲可以增加土壤的透水性和保水力，從而防止降雨和其他因素造成的水蝕。

一般來說，堆肥中的有機肥成分需要時間無機化，速效的效果很小。特別是，碳氮比高的木質堆肥，難以有肥料效果。然而，木質堆肥與化學肥料和廄肥不同，在物理上具有明顯的土壤改良效果。因爲木質堆料一般顆粒較粗，施用後需要時間分解，所以有長期持續增加土壤孔隙的改良效果。施用堆肥除了有促進發根和施肥的效果外，還能改善土壤的通氣性和透水性，同時增加保水力。當把碳氮比稍高的堆肥施用於腐植質含量低的土壤時，還能發現它具有促進團粒形成的效果（圖 7-4 和 7-5）。腐植質具有將黏土礦物連結的強烈性質，能把黏土粒子接起形成大團粒，同時也增加了土壤動物和土壤微生物的活性，它們將有機物弄得細碎並加以分解，把土壤粒子和有機物混合，

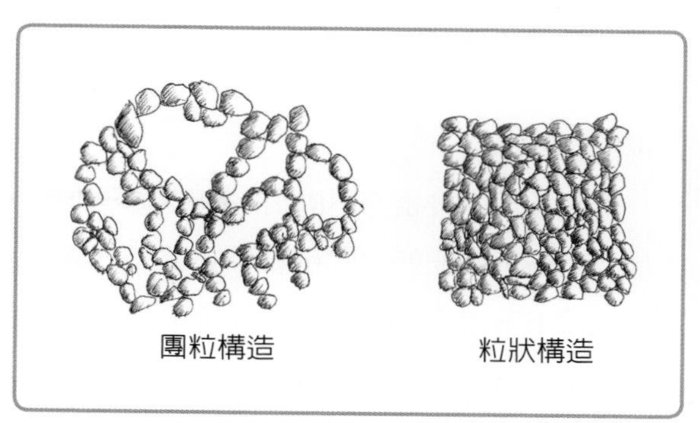

圖 7-4　**團粒構造和粒狀構造的示意圖**

促進土壤粒子間的鬆散結構狀態。然而，團粒結構極爲脆弱，稍微有一點踩踏或雨滴的衝擊就能輕易打破，因此在農田中必須不斷地施用堆肥和耕耘。

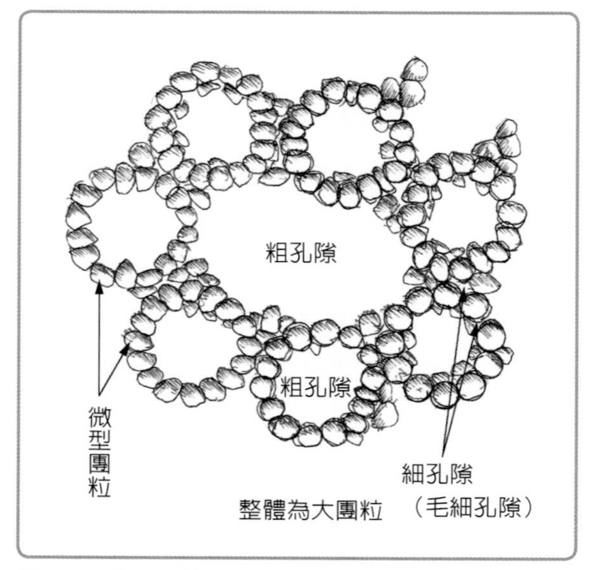

圖 7-5 微型團粒和大團粒的示意圖

② 堆肥促進發根的作用

經常能觀察到在施用堆肥的土壤和未施用堆肥的土壤中，細根的數量有很大的差異。堆肥促進發根的效果，被認爲是因爲堆肥中含有的有機肥成分被逐漸無機化，進而促進了細根的分枝。事實上也已經證實在土壤中施用化學肥料會增加根量。

此外，堆肥中微生物產生的少量植物賀爾蒙，特別是生長素（其中包括 IAA）的效果也很重要。生長素主要在植物的嫩葉和有活力的嫩枝上產生，順著韌皮部輸送到全身。它促進莖葉尖端的向上生長、枝條和樹幹的肥大生長，以及側根的形成。此外，當樹幹受傷時，它還會對受損的部位形成癒傷組織，或啟動不定根的形成。生長素在樹冠頂部產生，並在向下移動時漸漸消耗，導致送達根系的濃度非常低（是莖和葉濃度的 1/1,000～1/10,000），這種低濃度能有效促進根系發育。莖和葉中的濃度對根系來說反而會過高，據說會抑制發根。微生物分解有機物產生的生長素極少，而且由於物種間的差異很大，所以很難準確量化，但這種濃度非常低的生長素被認爲能夠促進側根的形成。

堆肥能促進發根作用的另一個要素是堆肥擁有高緩衝作用。將腐植質含量高或具有極高陽離子交換能力的優質堆肥混入土壤，這樣即使酸雨對土壤注入酸性物質或長期被供給 H^+，土壤 pH 值也能保持中性至微酸性，且變化不大。這代表土壤粒子持續保留著 Ca、K 和 Mg 等鹼性物質，這些都是有利於根系發育的要素。相反地，即使大量供給 OH^- 到土壤中，pH 值也會增加得非常緩慢，也就是說不容易出現急遽的鹽鹼害。此外，如果緩衝作用高的話，代表有很強的能力可以減輕或中和土壤中抑制發根物質的毒性。這對根系的發展可能也有利。

(2) 對土壤施用堆肥的方法

近年來都市地區的熱島現象伴隨著大氣乾燥化，造成種植在都市的樹木缺少水分，以及生長停滯或衰弱。這大多是受到踩踏壓力等使土壤固結、鋪設柏油路面和混凝土建築使暴露的土壤面積減少，以及下水道系統的發展等因素影響使雨水難以滲入土壤。因此，雖然有如何讓落在建築屋頂和道路上的雨水滲入土壤等，一些與都市構造直接相關的問題，但另一個重要的問題是如何引導樹根深入土壤，使其更加耐旱。這必須同時改善通氣性和透水性。

要改善土壤的通氣性和透水性，新植的情況可以藉由使用機械對現場土壤進行深耕，或鋪設暗渠排水系統來完成。然而，在植物已經生長的地方，必須以不損害現有植物根系為前提，因此最合理的方法是鑽小的垂直孔到一定深度。如果淺層有不透水層，那就簡單地鑽洞就好。接著再將完熟堆肥放入這些孔洞中，可以進一步加強效果。

在砂質土壤等乾燥地區，即使表面乾燥但地下深處仍有水分，因此樹根會為了尋找這些水分，而形成又深又廣的根系。然而，當都市土壤表面固結而孔隙不足，阻礙了雨水滲透，及地下水位降低或受阻，讓樹木的根系集中於表層的話，即使環境越來越乾燥，樹也只會變得不耐乾旱。前述所說的方法，是能同時解決將有機物返還土壤、改善通氣透水性及引導根系深入土壤，這三個問題的方法，而且是成本非常低的技術。然而，施用的堆肥品質十分重要，必須選擇優質的堆肥。此外，堆肥不能夠用於過溼的土壤或有蜜環菌根腐病、白紋羽病等有土壤傳染性疾病的地方。

7.2 堆肥化的注意事項

1 堆肥化的目的

將落葉、秸稈、樹皮和家畜排泄物等堆肥化的主要目的，是為了在堆肥過程中透過發酵熱殺死生活在材料中的土壤傳染性病原菌、線蟲等寄生蟲、切根蟲的幼蟲和卵、雜草種子等，並透過變質其所含的酚類物質，來消除對植物根系的毒性。此外，充分熟成的堆肥在最初極少有放線菌。許多放線菌能產生抗生素，並被認爲能有效預防具有土壤傳染性的細菌性疾病，如根瘤病。在堆積過程中出現的絲狀眞菌在最初和最後的種類也有很大的差別。

2 堆肥特性因原料而異

對於豬糞和牛糞等碳氮比低的材料，分解得非常快，短時間內就能完成堆肥化。因爲當下產生的堆肥會在土壤中迅速被分解，所以肥料效果大於土壤改良效果。相反地，主要由碳氮比高的廢木材和樹皮等作爲主原料製成的堆肥，就需要更長時間堆肥化，而且完成的堆肥幾乎沒有肥料效果，但由於它在土壤中停留的時間更長，所以具有更大的土壤改良效果。使用修剪的枝條或畜舍墊料來堆肥時，排泄物和樹葉等容易分解的部分與木屑和木栓等不易分解的部分之間，所需的分解時間不同，因此，即使堆肥外觀看起來變黑，聞起來也像優質堆肥，但其實木屑幾乎還未分解，這種情況十分常見。

3 堆積的高度和堆積期間的溫度變化

一般對於家畜排泄物這種氮含量高、發酵速度快、放熱溫度高的材料來說，即使堆積高度不高，內部溫度也會到達 60℃以上，所以 1 m 就十分足夠了。在家畜排泄物的情況下，由於水分含量高，如果堆積高度又太高的話，氧氣就無法到達堆積物的中心，導致厭氧發酵的問題。然而，對樹皮或木屑這種粒徑大、發酵慢的材料，堆積高度約爲 2 m 或更高，堆積體積爲數 m^3 的話，熱量就難以散發，導致內部的熱達到 60℃以上。而內部發酵熱超過 60℃時，大多數植物病原菌會因細胞膜和其他蛋白質的熱變性而死亡。而且植物的活細胞分泌的酚類物質，有抑制植物根系生長和種子發芽的作用，因此在堆肥過程中經歷的高溫會使其變質，失去毒性變得無害。在堆積過程中，內部溫度到達 80℃左右並不稀奇，有時甚至會到 150℃以上，也有分解過程中產生的酒精和其他物質發生自燃的情況。

如果重複多次堆肥化，讓整個堆積材料經歷高溫的話，易分解的物質會被分解，作爲穩定物質的木質素也會逐漸變爲更穩定的物質。隨著易分解物質的分解，發酵熱會逐漸下降，並穩定在 15℃左右。堆積過程中的溫度和易分解物質量的變化，會連帶影響微生物種類。

堆積過程中的內部溫度可分爲常溫（50℃以下）和高溫（50℃以上），但堆積開始後，堆積溫度由常溫→高溫→常溫變化，活動的細菌也由中溫菌→高溫菌→中溫菌變化。然而，最初的中溫菌和後來的中溫菌是不同的種類。木質材料中的木質素很難被細菌、子囊菌和放線菌分解，因此這讓木質素被留到了最後。分解木質素必須讓溫度降至室溫，並有擔子菌入侵，但實際上，大多數販售的木質堆肥都有木質未分解的部分。

在樹皮堆肥的製造過程，雖然能往原料中添加微生物材料，以加速分解，但不知道這能加速多少熟成程度，目前大多數人持否定意見。原因是原料中存在極其多樣的微生物菌群，其中也有許多會攻擊其他菌的菌，以阻止特定菌過度繁殖的情況。

7.3 堆肥品質的判斷方法

堆廄肥是由各種有機材料製成，由於生產方式的不同，品質也不同。目前堆廄肥沒有統一的品質標準，最大原因是分解和發酵的難易程度和速度，都會因原料不同而有很大差異，因此很難確立統一的生產方法和品質標準。大多數植物性有機物按乾重計算含有約 50% 的碳，雖然這一數值不會因植物種類或部位的不同而改變，但如前所述，氮的含量有很大的差別，腐熟速度也有明顯差距。

前面提到的碳氮比（C/N 值）是判斷堆肥好壞的一個參考，但表面上的碳氮比可以透過在堆肥中加入氮肥來刻意操控，而在現場化學分析又很費時費力，所以從外觀和氣味來判斷很重要。接下來，將介紹一種相對簡單的方法來判斷腐熟度，不需要繁瑣的分析。

1 從外觀的判斷法

- **顏色**：呈現深褐色或黑褐色較佳。
- **水分**：緊握在手中時有少量水滲出的程度較好；過溼的話很可能是由於厭氧發酵造成的不良品；相反地，乾燥的很可能是水分因發酵溫度而蒸發，卻沒有得到補充，使發酵停止的未熟品。
- **臭味．氣味**：如果土壤聞起來像森林表土的腐植質，那就沒問題。這種土壤特有的氣味是由一種放線菌—鏈黴菌所引起。但是，如果仍有酚類物質的芳香或樹脂氣味殘留，則代表還未熟，可能有氨或胺（NH_3 的氫原子被烴基 R 取代的化合物）的臭味、像腐壞的雞蛋般的硫醇臭味（帶有巰基— SH 的有機化合物 R — SH，其中 R 是烴基，如烷基）或酸臭的低級脂肪酸臭味，很可能代表它是在過溼狀態下進行厭氧發酵的不良品。
- **觸覺**：用手揉搓時，堆肥變得粉碎四散的話，那就代表它足夠腐熟，但如果是木質堆肥，還有硬木或木栓物質殘留，就代表它還未熟。
- **菌的菌絲和子實體**：在堆肥表面形成香菇、黴菌、菌絲網或會吸引蒼蠅的話，很可能是因為發酵溫度低，使雜菌沒有完全被殺死，或是易分解的有機物還沒完成分解的不良品。

2 蔬菜種子的發芽實驗

以種子的發芽狀態來測試堆肥腐熟度，是一種相對容易但可靠的方法。使用發芽和生長速度相對較快的蔬菜種子。以前經常使用櫻桃蘿蔔的種子，但近年來最常用小松菜種子。首先在堆肥中加入 10～20 倍的蒸餾水。

- 在室溫下來回搖晃 30 分鐘。
- 在 60℃的溫水浴中提煉 3 小時。
- 提煉煮沸 30 分鐘的熱水。

透過這個順序提煉出堆肥中的可溶性成分。用兩張濾紙過濾溶液，再將 10 ml 的濾液放在一個襯有兩張濾紙和紗布的培養皿中，並在上面播種 50 粒小松菜的種子。

作爲對照，在同樣的培養皿中也加入 10 ml 的水並播種。

接著蓋上培養皿，在 20℃以下的室溫保存。當對照組的種子幾乎 100% 發芽時，觀察發芽率和根的發育情況。發芽率和根的長度以對照區的 100 比例表示。

在這個測試中，根系發育和伸長生長比發芽率更重要。即使堆肥稍有缺陷，種子也能成功發芽，甚至 100% 的發芽率也無法保證堆肥品質。而根的發育和隨後的伸長卻會受到堆肥品質的強烈影響。

這種發芽試驗也可以用蘿蔔苗等種子進行。此外，直接在培養皿中觀察堆肥的發芽情況也很常見，這時會用洗乾淨的砂子或赤玉土作爲對照區。直接在培養皿中用堆肥播種的方法，常會因爲發霉而阻礙發芽、枯死或發根的情況，而這種堆肥很可能是不良品。

3 苗木的栽培實驗

這是一種將植物幼苗種植在裝有堆肥的小盆（容器）中並觀察其生長的方法，雖然耗時卻可靠。例如：將植物種植在盆中，按體積分爲五類：100% 的堆肥、堆肥和基土（通常使用山砂或不含腐植質的赤玉土）各 50%、25% 的堆肥和 75% 的基土、10% 的堆肥和 90% 的基土，以及 100% 的基土（堆肥和基土的比例是根據實驗目的和堆肥的原料決定。肥料效果越好，混合比例就越低）。一段時間後，測量存活個體的數量、實驗植物的上部生長量、莖的根頭直徑、地上部和地下部的重量、葉色、葉子的大小和葉子的數量。劣質堆肥會抑制生長，無機氮的數量會影響上部生長量、葉色、葉子大小等。在這個實驗中，必須注意在第一次種植物前，要把移植前的培養土洗掉，同時小心不要損害到根。但是，這個實驗因爲沒有測試到土壤改良效果，只測試到肥料效果，因此不能判斷堆肥的好壞。

4 觀察堆積熟成過程中的溫度變化

在堆肥化的過程中，原料堆積後內部溫度會立刻上升，一般會在達到 70～80℃後逐漸下降，但如果攪拌後溫度再次上升，說明腐熟過程進展順利。如果攪拌後溫度沒有上升，就算堆積時間沒有多長，也極有可能因為已經變乾而停止熟成。

Column 22

樹皮堆肥

樹皮堆肥是由已故的植村誠次博士（擔任國家林業試驗場淺川實驗林的林長，是玉川大學的教授）所發明。過去，造紙公司製造作為新聞紙或其他紙製品原料的磨碎紙漿（用磨石研磨帶皮原木並去除纖維後製成的紙漿）。公司從美國進口了大量的針葉木材（主要是日本南部鐵杉）作為紙漿原料，但剝下的樹皮被當作廢棄物，長期留在造紙廠的木屑場裡。而這些樹皮偶爾會因自燃而冒煙，乾燥時會被強風吹散。當時諮詢在林業試驗場的植村博士時，他建議「把它們變成堆肥吧」，於是開始將它們堆肥化。第一批堆肥的品質非常好並受到好評，因此被用於全國的環境綠化事業和公園開發。然而，近年來，樹皮堆肥的品質似乎下降了。可能有幾個因素，初期生產的樹皮堆肥所用的是堆放多年的樹皮，所以本來就已經熟成了不少。然而，那些原料很快就被耗盡了，於是改用新鮮樹皮作為原料，但像是熟成期間攪拌的次數等製法並沒有隨之改變。此外，當美國禁止出口原木時，改用闊葉樹皮作為原料，這還不算是大問題。然而，隨著闊葉樹皮的耗盡，變成使用了日本柳杉等的樹皮。日本柳杉樹皮是一種用於屋頂非常耐腐的材料，因此這需要數年的時間才能腐熟。

7.4 堆肥在綠地的利用

1 農耕地的利用

堆肥在耕地的施用需要花費大量的勞動力，在現代日本嚴苛的農業環境中也有許多困難，但其好處是顯著的，希望能透過巧妙的方式推進。

(1) 對水田的效果

堆肥施入水田後，必須進行分解和無機化後才能發揮肥料效果，但在低地排水不良的「溼田」中，往往處於還原狀態，有機物難以分解，因此，好不容易施用的堆肥也可能還未分解或正進行厭氧發酵，反過來會降低作物產量。堆廄肥在排水良好的「旱田」中最為有效。很久以前農林水產省在全國範圍內有肥料標準實驗場，並將溼田的泥炭質土壤和旱田的灰土進行比較，發現在旱田施用堆肥效果較好。旱田的土壤每年都要反覆淹水和乾燥，因此有機物在湛水期積累，讓堆肥的氮肥效果在早期提高，由於有機物消耗快，所以堆廄肥施用效果更好。此外，富含蒙脫石的黏土的旱田還具有自然的自我攪拌作用，如圖 7-6 所示，黏土龜裂現象。土表龜裂現象在溼季和旱季分明的熱帶季風氣候下的溼地更為明顯。

(2) 對旱田的效果

日本大部分的旱田位於洪積臺地上，大部分洪積臺地的土壤是酸性礦質土壤或火山灰土壤。在這些土壤上，堆廄肥發揮極大效果。正常情況下，土壤粒子表面帶負電，但當礦質土壤和火山灰土壤這種黏土的二氧化矽比率（矽／鋁值）小於 2 時，

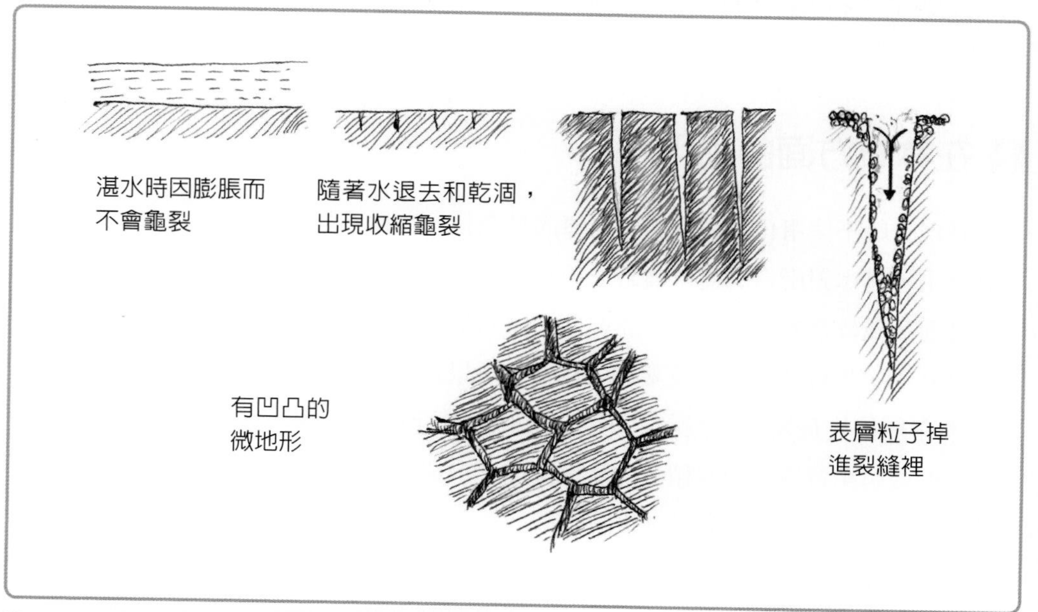

圖 7-6　不斷乾溼變化的黏質土壤的自我攪拌作用

土壤粒子變得高度帶正電，無法吸附主要帶正電的肥料成分，導致植物的營養供給不足。而施用堆肥時，堆肥中的腐植酸會使土壤帶負電，增加土壤對肥料成分的吸附。在火山灰土壤中，土壤粒子對磷酸鹽的吸附力特別強（磷酸鹽吸收係數高），植物根系對磷酸鹽的吸收受到抑制，使容易出現磷酸鹽缺乏的問題，根據報告顯示，堆肥中的腐植酸可以中和正電荷，降低磷酸鹽的吸收，提高磷肥的肥效，因此大量施用堆廄肥對提高產量有明顯作用。在土壤中施用堆廄肥後的化學分析表明，磷酸鹽吸收係數的數值下降，而有效磷酸鹽的數量增加。其原因被認為是堆廄肥對鐵和鋁的緩衝作用（螯合作用）。

Column 23

柱狀節理

火成岩是由於在地表或在地下淺層冷卻收縮時，因岩石內部的拉應力而出現龜裂，容易出現在地下的壓縮力因岩盤隆起消失時。玄武岩主要以六邊形柱狀的方式龜裂，其原理與黏土龜裂現象相似。世界各地包含日本都有發現玄武岩和其他岩石的巨大柱狀節理。臺灣的澎湖群島就有壯觀的柱狀節理。

2 在林業方面的利用

林地一般不使用化肥和堆肥。其原因是森林具有以下條件：

- 基本上，林木對肥料的需求與野生植物幾乎相同，而且與多肥栽培生長的作物和為適應而品種改良的作物相比，能在低濃度的肥料下生長。
- 因為基本上不會將落下的枝葉運出森林，所以養分循環率很高。
- 林木在種植後最短 30 年採伐一次，最長 100 年採伐一次，在此期間枯枝落葉分解，形成腐植質層，而腐植質的負電荷使肥料成分的供給更加有效，因此，就算不特別施肥，也能夠建立森林。

順帶一提，森林樹木吸收的氮大約有 60% 是由林木枯枝落葉所提供。然而，曾有一段時間提倡透過林地施肥來加速林木生長。理由是

- 施肥的效果在山脊線等稀疏的林區更爲明顯。
- 由於林業工作者減少，提高造林木的生長速度，可減少種植後數年間必需的林下除草次數。
- 可以縮短等待採伐的時間。

儘管在許多地區已經實施了林地施肥。但由於下列原因，並沒有被普及。

- 許多森林位於陡峭的山坡上，難以運輸肥料。
- 許多林區的施肥效果比最初預期的還要差。
- 因林業工作者不足，缺少施肥需要的大量勞動力。
- 由於林業的結構衰退，使人們對施肥種植缺乏興趣。
- 擔心會影響到河流的水質。
- 密集年輪的品質比生長快的寬年輪更好，價格更高。

然而，在崩落區、森林斜坡道路和挖掘區等，需要立即綠化的地區的綠化工程中，將以有機物爲主原料製成的人工土壤鋪在地上。這種綠化方法用於因缺乏植物生長的基礎土壤，而難以恢復植被的地區。這種人工土壤通常會與外來的草籽混合，如垂愛草，如果人工土壤的品質很差，那也可能會阻礙種子發芽。

此外，有機物也用於日本沿海的防砂林。從以前到現在，以埋秸稈和覆蓋秸稈，防止乾燥和保持土壤水分的方式，被廣泛用於防砂林（圖 7-7）。

3 在植木苗圃的利用

生產苗木的土地消耗激烈。其中一個原因是，植物會以帶有根和土壤的狀態出貨，在使用已久的生產地，土地消耗造成的磨損已經成爲一個問題。而解決這個問題的辦法包括休耕、使用田土當作客土和施用大量的有機物。由於以田土作爲客土費用高，而且對一些田地具有破壞性，因此，基本上施用廢棄物再利用的堆肥較佳，從更廣的環境角度思考很重要。由於大型植樹生產地離大都市相對較近，因此都市垃圾堆肥是最有前途的材料之一，但在苗圃中，需要如挖出根盆和包根的大量手工作業，而且必須注意是否有細小的玻璃碎片混入的品質問題。

目前盆栽（容器）樹苗的生產很受歡迎，大型塑膠容器也用於綠化樹的生產。

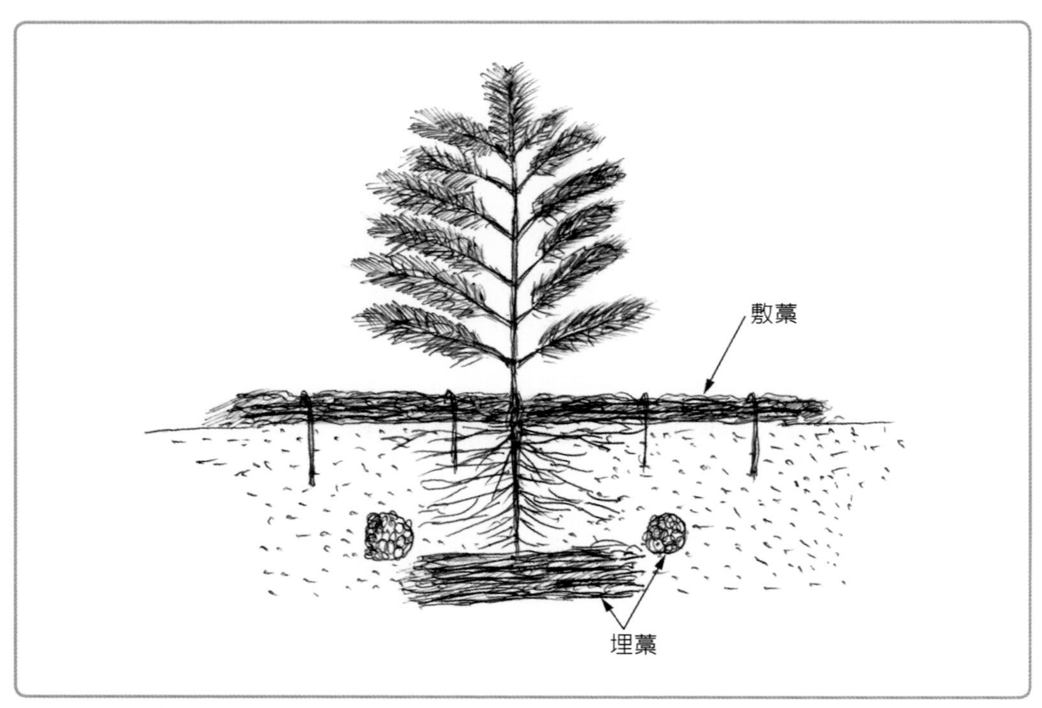

圖 7-7　**在海岸砂丘以埋秸稈和覆蓋秸稈的植林法**

這樣的好處是可以省略挖掘和包根，在不損害根系的情況下進行運輸和移植，所使用的培養土通常是從開發地區購買的山地土壤。在這種土壤中，加入 30% 左右的樹皮堆肥類的堆肥，再加入雞糞和炭化稻殼。這種方法的話似乎能充分利用都市垃圾堆肥，但必須注意如果堆肥未熟，可能會引起苗木立枯病和雞母蟲等切根蟲大量爆發。考慮到環境問題，未來將需要開發出 100% 循環利用的培養土。

4 在公園、綠地的利用

公園和綠地的土壤大多不是天然土壤，而是被開發的貧瘠土壤。

在填海造地的地方建設工業區和大型住宅區，而公園、緩衝綠地和工廠綠地也隨之建立。但是其基盤是由砂泵從海底抽起的土砂、地下鐵和建築施工產生的建築廢土或都市廢棄物等所組成。砂子通常容易乾燥，養分保持能力低。在黏性汙泥的情況下，排水性極差，鹽分也長期滯留在汙泥中，導致土壤呈強鹼性；反之，如果汙泥中含有硫，隨著汙泥的乾燥，硫、水和氧氣會化合形成硫酸，導致土壤呈強酸性。在這樣的地盤上綠化，事前必須進行大規模的改良。使用砂樁和暗渠排水系統進行排水，接著全面客土到 1～2 m 的厚度，但即使如此很多植物生長還是很差。這是由於海風造成的不良影響，主要是因為作為客土的山砂和火山灰土壤缺乏營養，再加上重型機械的壓實，使地表已經固結成不透水層，大大阻礙了根系的發展。因此，在許多地方種植前都會透過攪拌和混入有機物，來增加土壤的腐植質含量。

內陸的丘陵地也因為新市開發，而伴隨著建造許多公園和綠地。這裡使用推土機和其他重型機械來大規模地挖填土地，以平整傾斜的山坡，使未經風化的土壤暴露而出，其表面已固結成不透水層。此外建設綠地使用了大量田土作為客土，對自然界有破壞性，在經濟上也存在損失，所以有一段時間施行了「表土保護 」的想法。在綠化前挖掉約 30 cm 含有有機物的表土暫時堆放，並在綠化後歸還原處再種植。但是由於在回填時仍要使用重型機械，導致土壤固結；及基盤和表土之間的不透水層必須打碎，否則容易形成上層滯水，出現過溼現象；再加上成本過高，各種問題導致這種方法沒有得到廣泛使用。

最常見的方法是將如珍珠石（由黑曜石和珍珠岩等火山岩，在高達 1,000℃的高溫下燒製膨脹而成的人工輕質礫石）的各種土壤改良材料，混入淺層土壤或植穴回填，但這仍然沒有辦法解決通氣性和透水性的根本問題。種植時需要多少堆肥量取決於原土壤的品質和種植樹木的大小，應根據現場狀況來決定。

Chapter 8

樹木與肥料成分

8.1 植物必需的元素

大多數植物正常生長不可或缺的元素，被稱為必需元素或必需營養元素。其中需要特別大量的元素被稱為必需多量元素，而只需要非常少量的元素被稱為必需微量元素。目前，被公認的必需元素有 15 種，有些人會把鎳算在微量元素中，也有些人把氯算在其中。因此，必需元素包括多量元素和微量元素，共有 17 種，具體如下。其中多量主要元素（2）以下的是肥料成分。

- 多量主要元素（1）：碳（C）、氫（H）和氧（O）三種元素（從大氣中吸收二氧化碳，從土壤中吸收水）。
- 多量主要元素（2）：氮（N）、鉀（K）和磷（P）三種元素，被稱為肥料三要素。
- 多量次要元素：鈣（Ca）、鎂（Mg）和硫（S）。
- 微量元素：硼（B）、氯（Cl）、銅（Cu）、鐵〔Fe（有些人將鐵列為多量次要元素）〕、錳（Mn）、鉬（Mo）、鎳（Ni）、鋅（Zn）。

此外，那些不是必需元素的元素，對某些植物來說卻是必需元素，或是說其存在與否對生長有重大影響的元素，被稱為有用元素。一個有名的例子是矽（Si），它對於禾本科和莎草科的植物幾乎不可或缺。矽被認為可以增加對疾病和乾旱等逆境的抵抗力。葫蘆科植物和蕨類植物的木賊和杉菜等也稱為矽酸累積植物。鈷（Co）被認為是豆科植物與根瘤菌建立共生關係的關鍵。已證明鈷的缺乏會抑制根瘤菌的蛋白質合成。鋁（Al）對許多植物來說有毒性，但對香菇的栽培卻是必需的，缺鋁的話會導致根腐。有一說是鋁的毒性抑制了導致茶樹根腐的真菌生長。虎杖和白背芒似乎有一些耐鋁機制，是最早侵入新鮮火山岩和火山灰棲地的植物之一。釩（V）可以促進具有固氮功能的根瘤菌生長，硒（Se）可以促進豆科的紫雲英生長，而鋰（Li）對毛茛科和茄科的部分植物有用。鍶（Sr）、銣（Rb）、碘（I）和鈦（Ti）也是能對一些植物有幫助的元素。

8.2 樹木的營養診斷

1 營養診斷和養分缺乏症

不同種類的植物有不同的養分吸收特性，養分吸收量會因活力和土壤條件而異。因此，了解土壤性質和生長在其中的植物養分生理特性非常重要。一般來說，植物生長在很大程度上受到土壤提供的各種養分影響，主要是受土壤中養分含量的制約，而這些養分對於特定地點的植物來說最難利用而不足，稱爲李比希定律。仔細觀察各個肥料成分的吸收和利用情況，每種肥料成分都有相互補償不足成分的特性，這一概念不一定適用於所有條件，雖然有一些偏差但在大範圍內多少能當作參考。因此，就農作物而言，透過土壤養分分析和使用適當方法供給最缺乏的養分，藉此提高生產量的方法被廣泛採用。

雖然施肥對一般作物極爲重要，而且在一定程度上已經爲每個作物的種子或品種建立了肥料管理技術，但除了部分果樹園藝品種外的綠化樹木和林木，在養分需求方面與野生物種幾乎相同，沒有像作物這麼要求肥料。而一般生長所需的成分通常可以在棲地土壤中獲得，因此，對於林木和綠化樹木來說，肥料管理是一個不太需要考慮的因素。然而，樹木正常生長還是需要最低限度的肥料成分，所以有時會出現營養缺乏症，下文將詳細討論多量元素的營養缺乏症。

2 林木容易出現營養缺乏症的特徵和對策

在使用水耕和砂耕法進行的樹苗營養缺乏實驗中，發現了氮、磷、鉀、鈣、鎂、鐵和錳的營養缺乏症。然而，在肥培管理的林木苗圃中卻很少觀察到這些缺乏症。雖然曾有林地缺鎂的報告，但缺乏某些特定肥料的情況不太可能出現在大型樹木。

接著將討論在主要使用肥培管理的苗圃中，氮、磷、鎂、鐵和錳的缺乏及其對策。

(1) 氮缺乏症和對策

氮缺乏症容易發生在林業苗圃、植木田、被開發的公園綠地和高爾夫球場等地方，而在保有自然土壤的山區則不太可能發生。其特徵是整體性的生長不良，葉子小，呈現淡黃色或淡黃綠色而不是深綠色。特別是在日本柳杉的樹苗，葉子從換床初期到 8 月初呈淡黃綠色。而日本扁柏的換床苗，從 7～8 月整體都呈黃綠色。當苗木受到切根蟲（雞母蟲）的影響時，顏色呈帶紅色的黃綠色。

雖然苗圃土壤和床土缺氮可能是導致幼苗氮缺乏症的原因，但更可能是因爲育苗期間，將未成熟的堆肥施用於換床用土，導致氮成分的有機化（氮飢渴）。

把未成熟的堆肥施用於苗圃時，微生物會對有機物不斷分解，而施用的氮肥就會被微生物的生長所消耗（有機化），使植物出現所謂的氮飢渴症狀。至於植木田的肥培管理，應在播種床施用充分腐熟的堆肥，以增加地力氮素和促進無機化。

在對林業苗圃進行肥培管理時，重點應以設計堆肥中包含的氮（地力氮素）爲主。特別是日本扁柏比其他樹種吸收的氨態氮（NH_4 — N）比例更高。肥料成分含量多的畜產堆肥和有機物含量多的木質堆肥相混合堆積，並讓其充分腐熟就可以獲得高地力氮素的堆肥。只是必須特別注意如果氮施用過量時，容易導致植物生長快速而柔軟，成爲對壓力承受力弱的個體。

(2) 磷酸缺乏症和對策

磷酸缺乏症的特徵是赤松和黑松的上位葉會呈帶紫的深綠色。在皋月杜鵑和杜鵑花中，葉子會呈紅褐色，如果症狀嚴重的話會死亡。日本柳杉換床苗的生育初期（移植後）上位葉呈帶紫的深綠色，在葉背特別鮮明。在晚秋和嚴冬期，日本柳杉苗圃的帶紫深綠色是由於低溫導致葉綠素和類胡蘿蔔素減少，也會出現同樣屬類胡蘿蔔素類的紫色葉黃素的顏色，這與磷酸缺乏症不同。

鋁活性高的火山灰土壤往往嚴重缺乏有效的磷酸。這不是因爲沒有足夠的磷酸，而是因爲磷酸與鐵和鋁結合的形態難溶於水，因此難以被根系吸收。在火山灰土壤中，磷酸是以磷酸鋁和磷酸鐵的形式存在，幾乎不溶於水，無法被苗木吸收，所以必須考量到可用態的磷酸施用。

在行道樹則是磷酸鈣可能與從混凝土中溶出的碳酸鈣反應，形成不溶的磷酸鈣，因而導致樹木容易受到磷酸缺乏症的影響。

在火山灰土壤中，使用化學肥料和堆肥或過磷酸鈣和熔製磷肥的混合肥料，可以增加磷酸的肥效。在植木田裡，最適合肥培管理的時間是秋季施用熔製磷肥，春季施用化肥。

(3) 鎂缺乏症和對策

與其他元素相比，綠化樹木和林木中最常見是鎂的缺乏。缺乏症的特徵是老葉（下位葉）變黃。日本柳杉苗則是下位葉的尖端會在秋季變黃，並逐漸褪色。即使是在幼齡的日本柳杉林，下位葉的尖端也會褪色。鎂缺乏症容易表現在老葉，因爲鎂是形成葉綠體的重要成分，而大多數植物都有一種特性，就是當整個植物缺乏鎂時，會分解老葉中的葉綠體，並把分解出的鎂運送到上位的新葉。

日本扁柏的樹苗則會在下位枝呈現黃色葉片（第二年的葉子）。在赤松和黑松中，下位葉則是葉尖呈黃色。在日本石櫟等常綠闊葉樹中，只有老葉的葉脈會保持深綠色，而葉脈間通常會呈淺黃綠色。

鎂缺乏症可能是由於土壤中缺乏可交換的鎂，或是苗圃等施行了肥培管理的地方，有較多容易吸收的鉀和鈣，所以抑制了鎂的吸收（拮抗作用）。

由於酸性土壤和火山灰土壤中容易缺乏可交換的鎂，所以鎂缺乏症很少發生在林地。在植木田中能發現鎂缺乏症是由於與鉀和鈣的拮抗作用，特別是因爲經常施用鉀肥而誘發。鉀不是植物組織的組成成分，也就是指不是有機狀態，因此非常容易流失，所以特別需要經常施肥，這有時會導致鉀過量。

(4) 鐵和錳的缺乏症

鐵和錳缺乏症的特徵都是頂端葉片上會出現黃白色的症狀（缺綠病症狀）。日本自然土壤中通常不會缺乏微量元素。然而，在半乾旱和乾旱的鹼性土壤中，當鐵不溶於水，鐵和銅的缺乏症狀就容易發生。鐵和錳是難以在植物體內移動的物質，所以缺乏時更可能出現在新葉上而不是老葉。喜歡酸性土壤的杜鵑花被種植在中性至弱鹼性土壤中時，更容易出現鐵缺乏症現象，所以經常可以發現種植在路邊的杜鵑花和皋月杜鵑葉子黃化，這可能就是因爲缺鐵而造成。

Chapter 9

阻害樹木生長的土壤障礙及其對策

圖 9-1 說明了阻害樹木生長的土壤環境因子評估與土壤管理之間的關係。有些土壤障礙因素可以透過處理方法（如排水處理等）在短時間內消除，但去除障礙後往往需要數年甚至數十年的時間，才能讓樹勢恢復。

各種土壤障礙因素及其對策如下：

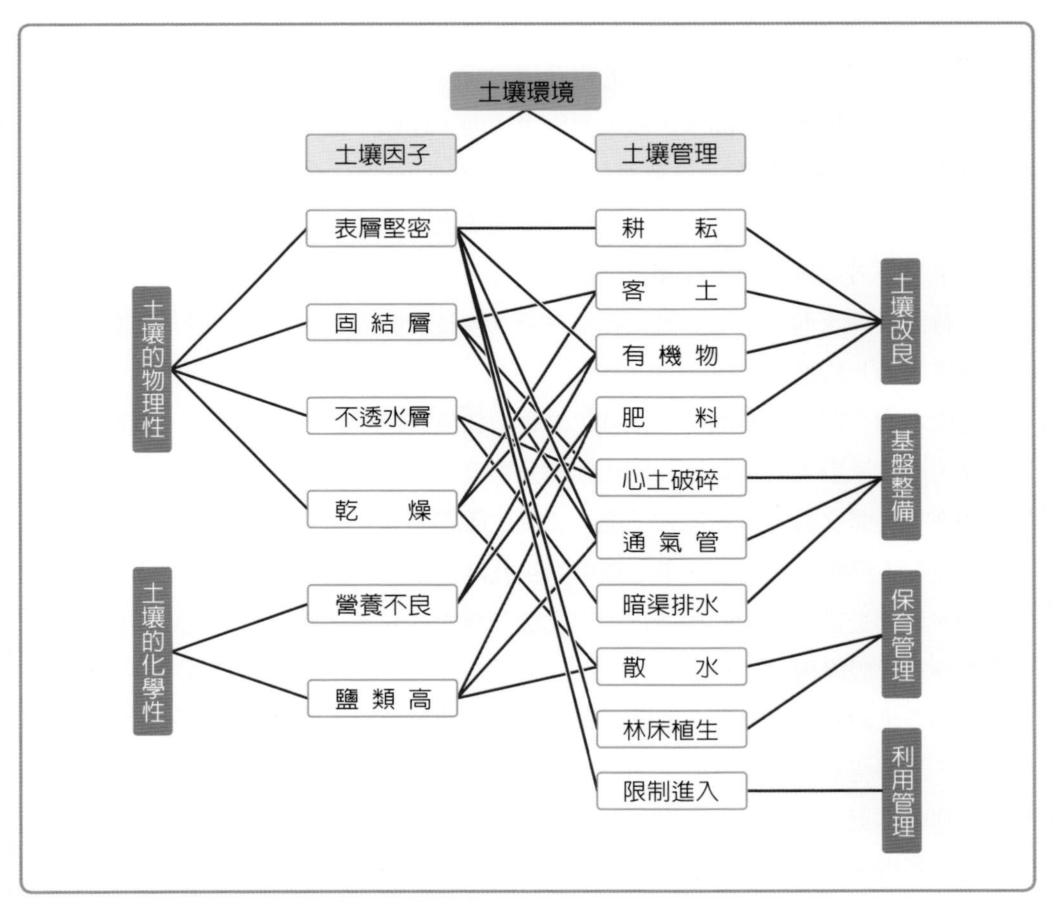

圖 9-1　土壤環境因子與其對策的土壤管理

9.1 土壤過溼與對策

1 造成過溼障礙的因素

栽植地過溼障礙的起因是土壤空氣中缺乏氧氣。土壤分為固相和孔隙兩相，固相由固體占據；孔隙又可以進一步分為以液體占據的液相和氣體占據的氣相。而固相、液相和氣相被稱為土壤三相。三相的比例因土壤種類、構造和固結程度而不同，液相和氣相的孔隙量在沙質壤土和黏土中一般較小，分別為 50% 和 55% 左右，而在富含腐植質的森林土壤中則達到 75% 或以上。

然而，土壤中的水量會因任何特定條件而有很大的變化，例如：降雨前後。當有足量的雨水落下時，平常處於氣相的粗孔隙，有一部分會變成液相。然而，在降雨停止約一晝夜後，粗孔隙中的水由於重力作用而向下移動。但是幾乎所有的細孔隙（毛細孔隙）都處於液相狀態。這時雖然是土壤的最大田間容水量，但隨後水被樹根吸收，從葉面蒸散或從地表蒸發，接著空氣從地表進入，使孔隙逐漸轉變為氣相。這時如果有來自下方或側方的毛細管水供給，就能將許多細孔隙保持在液相的狀態。通常固相不會因為降水而改變。如果粗孔隙在降水後長時間處在液相的狀態，那麼土壤就會呈現排水不良的過溼狀態。

當樹木的生理活動增加時，二氧化碳會消耗氧氣從根部排出，這使大氣和土壤空氣之間，產生了巨大的氧氣和二氧化碳的分壓差，從而導致大氣和土壤表層的氣相之間不斷進行氣體交換，氧氣進入土壤，二氧化碳離開大氣。此外，部分二氧化碳溶解於水中並向下移動。然而，如果土壤中的粗孔隙量少，大氣和土壤孔隙之間的氣體交換就少。氣體交換是否能順利進行，與土壤表層的通氣透水性有密切相關，也與根系中是否存在呼吸障礙密切相關。

根的呼吸障礙容易發生在堅硬、緊密、粗孔隙量少的土壤和黏土中。在氣相低的土壤中，土壤空氣和大氣空氣之間不太可能發生氣體交換，導致土壤中缺乏氧氣，從而出現呼吸障礙。根系呼吸作用對氧氣的需求量因樹種而異，根端呼吸量較大的樹種更容易受到過溼障礙。

細根在靠近地表的地方發育，稱爲淺根性的樹種，一般有呼吸量高的傾向。相反地，細根在土壤深處發育，稱爲深根性的樹種，其根部呼吸量也較低，能忍受過溼障礙的可能性較高。此外，喜歡乾燥土壤的樹種呼吸量往往較高；喜歡潮溼土壤的樹種則呼吸量較低。然而即使在同一棵樹，根系也可以有在淺層發育的水平根以及試圖鑽入深層的下垂根，兩者之間的細根呼吸量有很大差異。幾乎所有的樹木都是以水平根爲主。

喜歡乾燥土壤、淺根性的日本落葉松和赤松，水平根尖的呼吸量較高，而雖然有淺根性卻耐溼的水杉和水曲柳則較低。對被認爲是溼地代表性樹種的日本榿木而言，雖然人們認爲它喜歡溼地，但當它生長在稍微乾燥的土壤中時，水平根的根端呼吸量卻意外地大。有一種說法是日本榿木本來在略微乾燥的溼潤土壤中就會生長得更好，但由於它無法在那裡與其他高大的樹種競爭，所以才將生長棲地轉移到了溼地。其他溼地樹種，如柳樹，可能也是如此。

2 容易出現過溼障礙的土壤狀態

透水性和通氣性差的土壤更容易發生過溼障礙，這些土壤有以下這些條件：

- 表層（一般在深度 50 cm 內）有堅密層。
- 下層土堅密而使透水性不良。
- 黏土質的土壤。
- 地下水或上層滯水在很淺層的位置。

上面兩種情況經常出現在已開發的土地，推土機和其他重型車輛在整理土地的過程中壓實造成，這種因素不容易在天然土壤中發現。下面的兩種情況也存在於自然狀態中，那些地形通常會變成湧泉或集水池。而上層滯水也是地下水的一種，被靠近地表的淺層不透水層困住的死水。

然而，在綠地中，地形已經發生明顯的改變，原有的土壤已經消失或被掩埋，因此，即使是表面上不會造成呼吸障礙的地形，也可能會對種植的樹木造成嚴重的呼吸障礙。許多綠地土壤是由各種土壤堆積而成，與天然土壤相比，這些土壤是極爲不良的未成熟土壤。在這種開發的土地，下層存在著有被重型車輛壓實的固結層，而形成了不透水層，對種植的樹木造成了過溼障礙，讓許多樹木都出現了頂稍枯死的症狀。

3 過溼障礙和對策

爲了消除過溼障礙，必須考慮利用排水方法來排除多餘的水分，以及用土壤改良法來增加土壤孔隙和氧氣量。

(1) 暗渠排水

將暗渠排水系統埋在土壤裡約 50 cm～1 m 的深度，使多餘的水排入低窪區域。能容易埋設在緩坡和斜坡上，但在平地上則排水效率差。

暗渠排水通常會使用石礫、珍珠岩、竹稈、粗樹枝和塑膠網管（網呈圓柱形）。以前也曾使用過土管。這些所有東西的主要目的都是要幫助底層排水，但同時也有增加通氣性及將土層從還原狀態變爲氧化狀態的效果。在高爾夫球場上會設置像肋骨一樣的暗渠排水系統。此外，很多爲了改善溼地的排水狀況，會安裝無蓋的明渠。

(2) 有效土層的改良

種植前應盡可能深深耕耘土壤層，以增加土壤中的粗孔隙（使其變成氣相，而孔隙提供氧氣給細孔隙中的水，讓樹木吸收能夠吸收），改善土壤的透水性和通氣性。多孔材料也作爲土壤改良材料被攪拌進土壤中。如果遇到耕作困難，只需要鑽大量狹窄的垂直孔洞，就可以明顯改善土壤。而通氣透水性得到改善後，最好是在種植前施用優質堆肥。不過如果是在通氣性和透水性差的狀態下施用堆肥，反而會讓堆肥厭氧發酵，導致嚴重缺乏氧氣，甚至很可能出現呼吸障礙。

(3) 用客土改良

在開發地的綠化，植穴通常都挖在固結的基盤，並用客土來栽植。如上所述，造成呼吸障礙的因素是土層的通氣透水性和排水性差，因此，即使將植穴內的土壤改良成優良的生理特性，如果種植穴外面是固結狀態，那就會變得像種植在沒有排水孔的桶子裡，通氣透水性的問題並沒有被去除。

在通氣透水性差的不良土地挖植穴並客土時，由於放入植穴內的客土孔隙大，因此在土壤中容易氣體交換，但只要下雨時，就會由於周圍排水不暢，導致植穴底部積水而呈現過溼障礙。這種情況下，必須透過埋設排水管或鑽垂直孔洞，穿透植穴底部的不透水層來排水。而在堅硬壓實的土地上客土種植時，也必須在客土前將硬化的土盤變柔軟和膨脹。只是過於依賴客土會有一個重大問題，因爲這些栽植用的客土都是破壞自然和農業用地才獲得的優良土壤。所以應盡可能再利用現場開發的土壤，讓客土的使用保持在最低限度。爲此可能會減慢種植的樹木生長速度，但對不求經濟價值的公園和環境綠地來說，這並不構成個問題。

9.2 踩踏壓硬

綠地清掃清除了落葉、林床的地被植物、破壞土壤微生物和小動物的棲息地，而人和車輛的踩踏使土壤變得更堅密，通氣透水性也被惡化了。此外，人類的踩踏也有很大的影響。當踩踏在現有的樹木周圍進行時，較深的根系會因此而窒息死，只有表層的根系能存活，樹冠的上部枝條也會枯萎。

土壤物理性質的改良目標是增加堅密土壤的透水性和通氣性，爲此需要改變土壤三相的體積組成。一般會進行耕作、施用堆肥、加入土壤改良材料進行改良，或者更換土壤。然而，這些方法無法在有既存樹木的情況下使用。

雖然各種材料都能作爲土壤改良材料使用，但還是最大限度地利用能回歸自然的生物源材料較佳。在不能限制人類進入的地區，可以使用木棧道或平臺來防止踐踏。

9.3 乾旱

在沿海沙丘經常能在樹木上觀察到乾旱現象，因爲當梅雨或秋雨季等長期降雨持續時，即使是砂土這種粗孔隙多、細孔隙少的土壤，土壤孔隙中的氣相也會變得非常低，連低層也都會成爲液相。這時土壤深層的細根會因無法呼吸而死亡，較淺層的細根則會集中於表層旺盛生長分枝（圖 9-2、圖 9-3）。梅雨後的盛夏期，突然迎來高溫乾燥時，集中在表層的細根無法吸收水分，受到乾旱現象影響。而雖然秋雨季也會帶來長時間的降雨，但由於沒有高溫，植物也進入休眠期，因此乾旱現象不太可能像盛夏那樣發生，但仍有乾旱枯死的可能。乾旱現象的症狀通常包括樹冠頂部的枝條枯萎，但如果樹木被嚴重影響則可能會完全枯死。

一般容易引起乾旱現象的土壤條件是：

- 只有粗孔隙和透水性良好，但細孔隙很少、保水能力低的土壤，如礫石地。
- 淺層有硬盤存在，且底土過溼有豐富的水而呈無氧狀態，使整個根系無法深入土壤，只在淺層生長。
- 底土密度極高（山中式土壤硬度計指標硬度為 25 mm 以上），因此從底土上升的毛細管水很少的土壤。

圖 9-2　由表層固結引起的根系壞死，及細根集中在表層，導致樹冠上部的樹枝枯萎

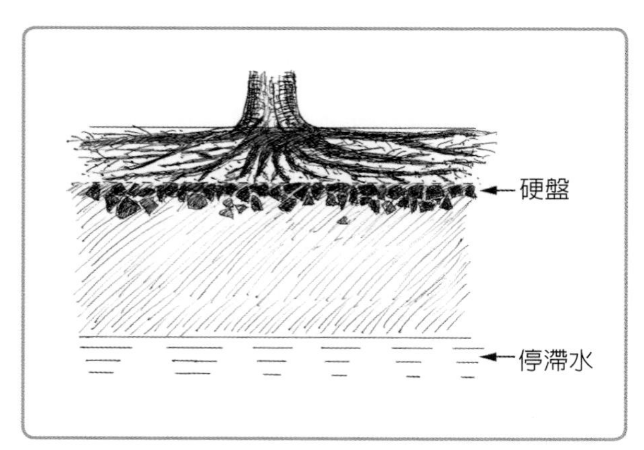

圖 9-3　硬盤阻害根系生長

1 砂土的乾燥現象

由於用來塡海造地的海底砂土在乾燥時有內聚力和壓實作用，所以固相體積通常會較大，而沿海沙丘等被風自然堆積的砂土會較小。被風自然堆積的砂土固相體積，幾乎與森林土壤表層的相等，代表孔隙量很大。對乾旱現象的敏感性並不是根據孔隙量，而是由保水能力高的毛細管孔隙量，也就是細孔隙在總孔隙中占的比例決定。不過細孔隙比毛細管孔隙還要小，所含的水與土壤粒子強烈結合，不容易被吸收

或結合，使植物幾乎無法利用。在砂土由於毛細管孔隙極小，容易發生乾旱現象，但只乾燥到表層 30 cm 內，在那以下的土層往往還保留著水分。這是因爲即使是砂土，也有一些毛細管孔隙，只是表層的極度乾燥，阻礙了水從表面蒸發。砂丘植物的根系會爲了避免乾旱現象而長到深處。地上部小的植物經常有數 m 深的根系。在砂丘容易受到乾旱現象影響的樹木，通常都是因爲根系無法深入地下。

2 迴避乾旱現象的方法和土壤改良

(1) 改善保水能力

可以利用增加粗孔隙和毛細管孔隙量，來改善植物根系能吸收的水分保持能力。換句話說，爲了使植物根系能夠呼吸，必須增加土壤中的腐植質含量，就像在森林土壤一樣，長期處於蓬鬆柔軟的狀態，此外以團粒結構增加粗孔隙和細孔隙，提高保水能力也是必要的。

(2) 覆蓋堆肥和抑制蒸散作用

對於粗孔隙多，但毛細管孔隙少、保水能力低的砂土般的土壤，用堆肥或秸稈覆蓋於土壤表面，防止水分蒸發。比起秸稈堆肥或落葉堆肥，樹皮堆肥更適合作爲覆蓋材料。要將堆肥覆蓋在坡地上很困難，但在平坦面十分有效。然而，如果堆肥覆蓋物鋪得太厚，等堆肥變乾以後，可能會發揮其疏水性，讓之後即使有一些降雨，水也無法滲入其中。特別是堆肥層中形成菌絲網時，其疏水性更爲顯著。此外，也會由於堆肥層有很多細根，而導致明顯的乾旱現象。

在砂土以外的自然土壤中，來自火山灰的洪積臺地土壤也容易出現夏季乾旱現象。此外，日本西部栽培樹木經常使用的紅黃色土壤，因腐植質含量低，所以生長情況會受到是否施用化學肥料而有很大的影響。而腐植質含量低也會讓土壤容易固結，在夏季容易有乾旱現象。在許多栽培地區則會用粗樹枝、粗樹皮和秸稈等覆蓋於表層土壤。

表層較薄且淺層爲礫石層的臺地土壤，由於透水性好但保水性差，所以容易發生乾旱現象。

就行道樹而言，各種因素多重發生會阻礙其生長，因爲根系範圍又窄又淺，來自地下的毛細管水供給有限，而雨水的供給也經常受阻，其中最容易出現的障礙是乾旱現象。其對策包括擴大植穴、在道路建設過程中保持人行道下方良好的土壤條件，以及設置平臺等，防止踐踏壓實。

Column 24

用堆肥覆蓋

如果樹木根頭覆蓋厚厚的堆肥，會使細根在覆蓋層中密集生長，這雖然能成功改善樹木的生長，但由於細根過於集中於表層，導致根系變淺，在長期沒有降雨的情況下，容易受到乾旱影響。過去在千葉縣的沿海沙丘上，進行了一項關於堆肥對栽植樹木的覆蓋效果的研究。堆肥潮溼時，雖然沒有出現任何問題，但在持續的晴天過後，堆肥變乾時，所有堆肥都被強勁的海風吹走了。隨後，堆肥被重新覆蓋，並用大漁網蓋住，雖然這次沒有再被風吹走，但是人們發現，如果堆肥過於乾燥的話，就會有疏水作用，不讓水通過，這又更加助長了乾旱現象。在風大的山頂附近的森林中也觀察到了堆肥層的疏水作用，由於乾燥和低溫，使枯枝落葉沒有被分解的跡象，進而導致有機物層堆積得越來越厚。

9.4 覆土

通常地形會因爲樹木周圍的塡土而改變。根頭上被覆蓋的樹木，大部分會因爲細根呼吸困難而逐漸衰弱、枯死。即使沒有枯死，集中在表層的細根也容易受到乾旱現象影響（圖 9-4）。過去在一個沿海工業區的建設過程中，大量的疏浚土砂和建設沙丘所剩餘的砂子被傾倒在既有的黑松林的林床上。結果導致大量黑松枯死，聽說即使覆蓋於土壤的厚度只有 10 cm，也會出現損害。這種損害在所有大規模的建築區或多或少都曾發生。

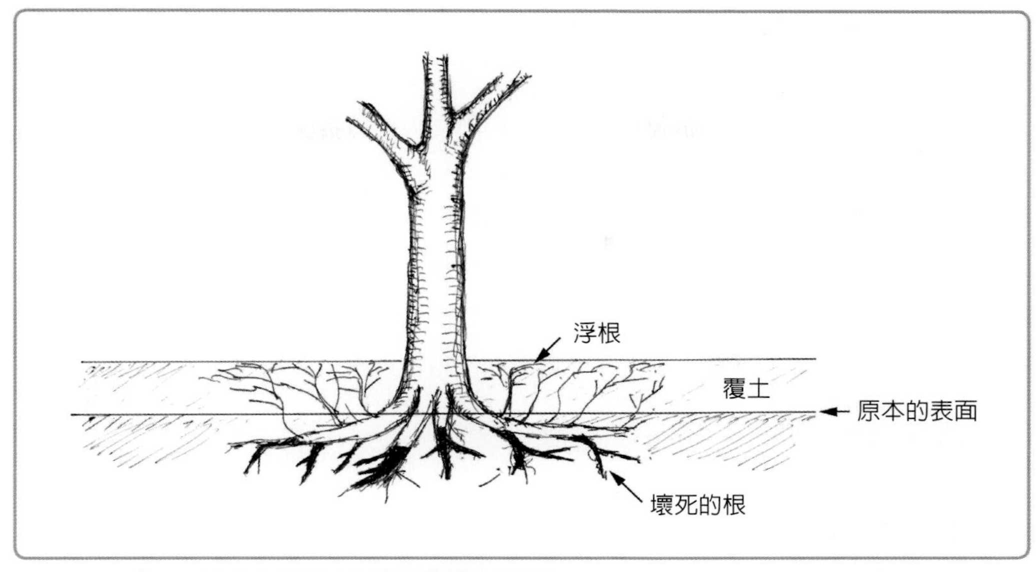

圖 9-4　因覆土而壞死的根系以及向表層集中的細根

9.5 土壤汙染

1 土壤汙染的原因

雖然土壤汙染也會在自然界發生，但近年來人類的工業活動造成的汙染，已經成爲重大的社會問題。對生物有害的物質在土壤中積累，對人體也會產生不良影響。這些物質被吸收到農作物和樹木的體內，接著透過生態物質循環或作爲食物被攝取，並在動物和人體中蓄積。這些有害物質在表層土壤的累積被稱爲土壤汙染，而人爲造成的土壤汙染大致可分爲以下幾種情況。

第一個是空氣汙染造成土壤酸化，這種現象已經存在許多年，是由煉製銅和鎳等含硫礦物產生的二氧化硫所造成。二氧化硫使雨水酸化或直接轉化爲亞硫酸（H_2SO_3）或硫酸（H_2SO_4），變成酸雨或酸霧讓土壤酸化。而氮氧化物（NO_x）雖然沒有到硫化物的程度，但也會導致土壤酸化。不過因爲氮氧化物也是植物肥料成分的一種，所以氮氧化物會導致的樹木衰退這件事目前尚未被報告。雖然很少有報告說明酸雨和酸霧會直接導致樹木枯死，但土壤酸化會使鋁溶解並形成鋁離子（Al_3^+），對根部產生負面影響（主要是抑制伸長），鋁離子可與磷酸結合形成磷酸鋁（不溶於水），可阻礙植物根部吸收磷酸鹽。此外，由於與其他肥料成分相比，供給大量氮氧化物會造成氮相對過剩，致使風倒伏和蟲害增加的事也令人擔憂。

第二個是古代堆積在海床上的土砂隆起，又通過隧道工程和地下鐵等建設，被挖掘出來並鋪在地表，其中包含硫化鐵和硫化氫等硫磺成分，當它們與空氣中的氧氣接觸後會變成硫酸。類似現象也發生在使用海床沉積物來填海造地的黏質土壤區域。

H_2S（硫化氫）$+ 2O_2 \rightarrow H_2SO_4$（硫酸）

第三個是從處理鎘、鋅、銅和鉻等重金屬的工廠、商家和實驗室等地點所排出。成爲偶爾發生的問題。

2 土壤汙染和被害的樹木

(1) 土壤酸化

在農地和植木田也能發現，因長期施用生理酸性肥料而導致的土壤酸化。生理酸性肥料是指雖然肥料本身爲中性，但其成分被植物吸收後，殘留的物質會使土壤酸化的肥料。而生理酸性肥料包括硫酸銨（$(NH_4)_2SO_4$）、硫酸鉀（K_2SO_4）、氯化銨（NH_4Cl）和氯化鉀（KCl）等。土壤酸化時，吸附在土壤粒子上的各種陽離子被溶出，導致土壤變得貧瘠。酸化釋放的游離鋁離子抑制了根系的生理活動，並與磷酸結合形成不溶性的磷酸鹽，導致植物磷酸不足。

(2) 重金屬造成的損害

鎘（Cd）、鋅（Zn）、銅（Cu）和鉻（Cr）等土壤汙染偶爾會成爲化學工廠舊址再開發，建設住宅區和公園的其中一個問題。雖然農作物過度吸收重金屬，會有不能作爲人類食物的問題，但對於綠地的樹木吸收重金屬的行爲還不明瞭。然而，從長遠的目光來看，它們將會藉由生態系的食物鏈對人類產生負面影響。

土壤的重金屬汙染通常來自礦工業的提煉，但在化學工廠舊址的土壤中也發現了鎘和鉻的汙染。在電鍍廠、皮革鉻鞣製廠和化學藥品工廠等舊址的土壤中，鉻的濃度很高。鉻被認爲是難溶於土壤的物質，但隨著土壤的酸化，它變得可溶且可能被根吸收，造成生長阻害。一般來說，森林土壤的酸性會比農地或草地更強，當森林被受鉻汙染的客土覆蓋時，大量木質有機物產生的有機酸會讓土壤逐漸酸化，導致鉻被溶出。

重金屬對土壤的汙染被指出，可能會透過汙泥堆肥循環再利用到綠色農田來進行。汙泥堆肥可能含有重金屬，尤其是初期的汙泥堆肥特別多重金屬。然而，近年來其品質有了明顯的改善，並作爲普通的肥料販售。當種植對象不是農產品，而是樹木時，十分有可能會被利用。

(3) 土壤鹽化

將拆除建築物的混凝土再利用，以碎石鋪設在道路、行道樹植穴等地方的土壤 pH 值爲 7 以上，呈鹼性。其主要原因是碳酸鹽從混凝土中溶出。鹼骨材反應的緩慢速度取決於土壤性質（黏土的質和量）和土壤中的腐植質含量，腐植質含量高的土壤，其鹼化速度較慢。此外，砂土比黏土更容易鹼化。

3 土壤汙染對策

在工廠舊址的環境綠地和郊區雜木林等林區與農地不同，即使土壤受到汙染也不會因飲食而對人體健康造成威脅，因此土壤汙染對樹木的影響被認爲可以忽略不計。但是，如果有大量酸性散落物促進了土壤酸化，就可能使土壤中的重金屬離子化。改善環境綠地和林地的方法有：

- 防止土壤酸化。
- 讓重金屬失去活性。
- 覆土或用板材覆蓋。

前兩種方法是用化學方法讓土壤中的重金屬變得無害的改良法，可將石灰施用於鎘汙染的土壤；第三種方法是用物理方法攔截汙染物，是最常用的方法。

當汙染範圍是區域性，最有效的化學抑制方法是將陽離子交換能力高的優質堆肥、蒙脫石或蛭石等黏土礦物混入土壤中，是一種使重金屬失去活性，可以在環境綠地和林地中實施的改良方法，此外也是維護和管理林地的有效方法。如果酸化程度不太強，可以透過施用堆肥，增加土壤的緩衝能力來緩解土壤酸性。土壤緩衝能力在砂質土壤中通常較低，而在黏質、富含腐植質、呈深褐色的土壤中較高。

Chapter 10

為了保護環境的土壤改良法

10.1 為了保護環境的土壤改良理念

對於環境綠地，土壤改良的目的是爲了讓種植的樹木健康生長，使其能完全發揮樹林、樹木具有的環境保護機能。在以改良土壤來改善樹木的生長環境的方面，如果是在建設綠地的階段尚未種植植栽時，任何改良方法都可以使用，但基本上最好是在考慮種植的同時，充分利用目前有的土壤。如果認爲目前的狀態難以讓樹木健康生長，則應採用各種技術將土壤改良到可以讓樹木健康生長的狀態。雖然使用農地或森林中的良質土壤是一個簡單的方法，但這會破壞自然、農田或森林，而且在筆者看來，過度依賴客土並不是「技術」。在建設種植地時，破壞了自然、農地和森林是很大的矛盾。

如果土壤條件對樹木不利，那技術者有責任透過堆肥或其他技術來改善土壤，使其達到樹木可以生長的條件。此外，在施用土壤改良材料時，最好是將堆肥後的廢棄有機材料返還土壤中。在人工環境中進行綠化時，則盡可能使用自然材料。

當樹木已經存在，但活力卻在下降時，其原因主要是由於固結或過溼等土壤物理性質不良產生。土壤物理性質差時，雖然土壤改良是樹勢回復的有效方法，但不應採用挖根換土、挖溝放入改良材料等會破壞根系的方法。

10.2 開發公園、綠地環境、農地、高爾夫球場等前的土壤改良法

一般來說，排水極爲重要，所以暗渠排水系統往往在建設前就已經安裝好了。近年來經常使用塑膠網管作爲暗渠材料，但也有一種傳統的暗渠排水方法是使用竹

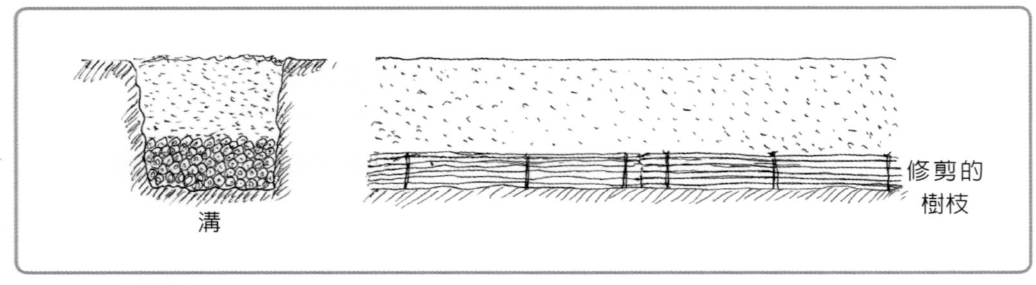

圖 10-1　**樹枝暗渠排水**

子、竹草或修剪的樹枝（圖 10-1）。

果樹樹苗有時採用蛸壺的方法種植，這種方法在排水良好的土地上有效果。但在排水不良的黏質土壤中，水會在種植孔穴中聚積，使有機物發生厭氧發酵，從而容易導致根腐。它必須結合改善排水性才行（圖 10-2）。在蛸壺的方法中，施用堆肥雖然很重要，但即使是在普通種植地，也能在植穴的側面與底部鑽如圖 10-3 所示的小孔，有效防止底部出現過溼狀態，促進生長。小孔的深度是任意的，但如果孔越深，效果就越好。能在孔中插入矮竹等材料的話，效果會更好。

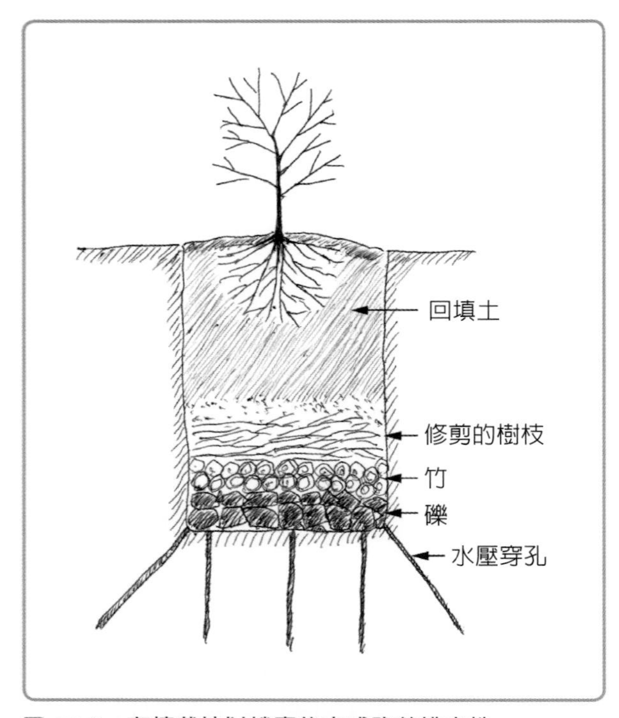

圖 10-2　**在植栽地以蛸壺的方式改善排水性**

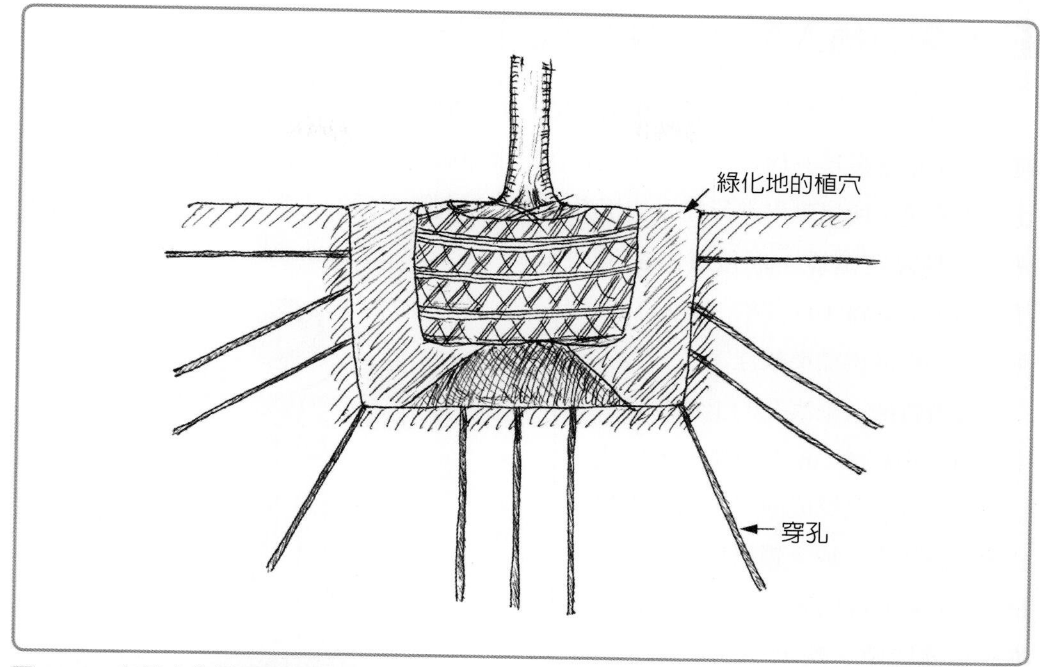

圖 10-3 在植穴的側面與底部穿孔

10.3 在有既存樹木情況下的土壤改良法

不僅是老樹和名樹，連新種植的樹木也會頻繁出現樹勢衰退的情況。有時這種衰退是由於過度砍伐樹根和樹枝或種植技術不佳造成的，但在大多數情況下，是由於種植地土壤的通氣性和透水性不良而導致。改善通氣性和透水性的土壤改良對於恢復樹勢是有效的，但嚴禁切斷根系。大多數樹勢低下的樹木無法產生新的細根來吸收養分，而翻耕根部附近的土壤、挖溝和施用改良材料等方法，反而會導致根系受傷，結果使樹勢更加惡化。

1 將裂竹插入垂直孔的土壤改良法

避開非常接近根頭或可能有粗根的地方。對於過去根系沒有被切斷過的樹木或已經種植了相當多年的樹木，此方法應該在滴水線周圍進行，但由於根系常常會延伸得比滴水線遠，所以應先進行簡單的根系調查，以判斷根系的尖端可能在哪裡，然後再圍繞該點設定區域。而位置數量是任意的，但以每 1 坪（約 3.3 m^2）一個以上的程度爲標準較佳。

將裂竹插入垂直孔的土壤改良法中，將直徑約 5 cm 的裂竹子，切成 1 m 左右長度並劈成兩半，插入用複式鏟（雙頭鏟）或土鑽鑽出的直徑約 15 cm、深 1 m 的垂直孔中，然後用堆肥填滿間隙（圖 10-4）。如果土壤因排水不良而過溼，則用礫石代替堆肥來填滿。

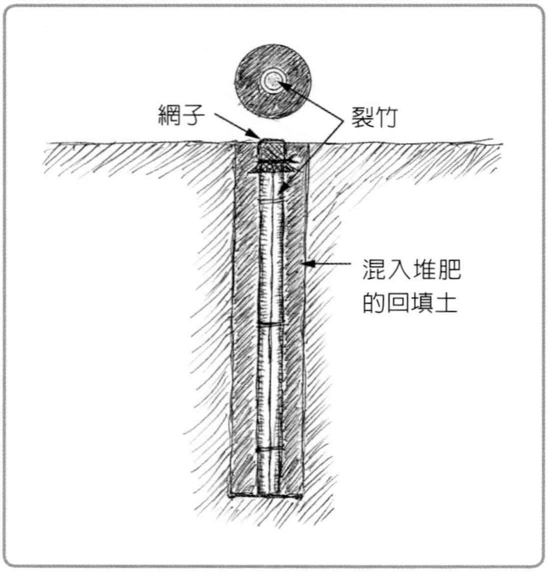

網子
裂竹
混入堆肥
的回填土

圖 10-4　將裂竹插入垂直孔的土壤改良法

2 水壓穿孔土壤改良法

在完全不損害根系的情況下，恢復既存樹木樹勢的一種方法，是使用土壤灌注機或土壤注入機的「水壓穿孔土壤改良法」（圖 10-5）。這種方法只需要很少的勞動力，也不需要大型設備，根據筆者的經驗，雖然這非常簡單卻十分有效（圖 10-6、圖 10-7 和圖 10-8）。土壤灌注機是在果園使用的機器，用於注

手柄
壓縮機
噴頭
軟管
噴頭前端是直噴

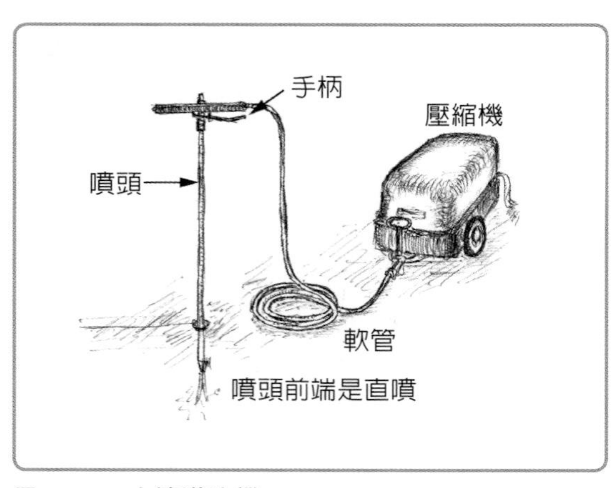

圖 10-5　土壤灌注機

入土壤消毒劑（例如：在梨園和蘋果園預防白紋羽病）。

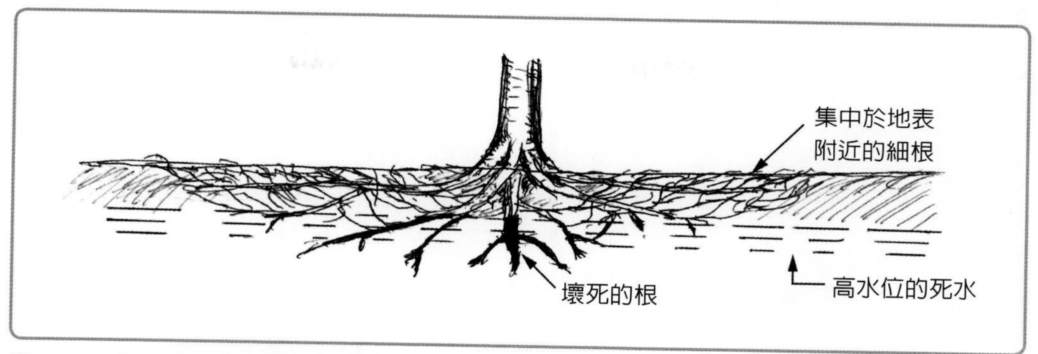

圖 10-6　**在過溼的環境下根系衰弱**

補充圖 10-7，當細孔隙被地下水和從上層滯水上升的毛細管水填滿，使水接近地表，而且幾乎沒有粗孔隙，土壤中也幾乎沒有空氣的狀態下，根系就不能向深處生長，只能在有氧氣的地表附近爬行般地生長，這就使其變成極易受到過溼和乾旱傷害的狀態。這時如果垂直穿孔到深處，深層就能產生粗孔隙並得到氧氣，根系也就能夠

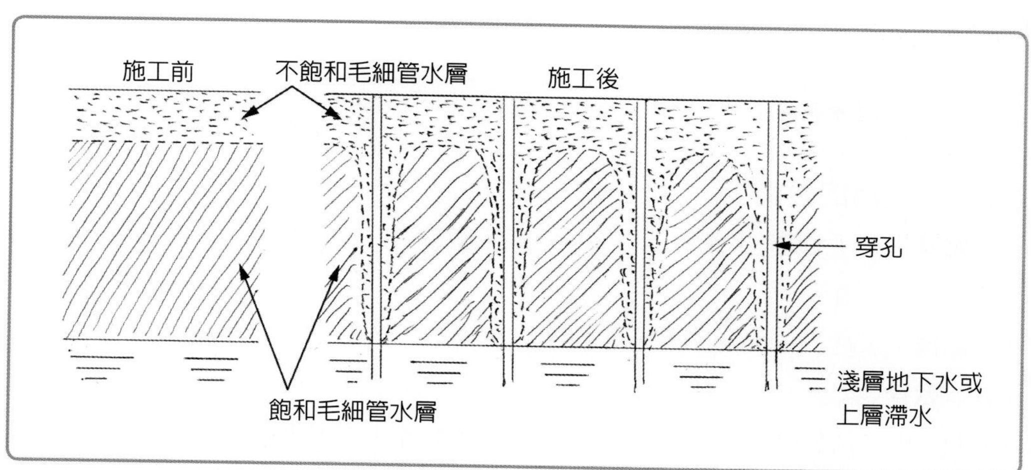

圖 10-7　**在過溼土壤穿孔能擴大其不飽和毛細管水層**

不飽和毛細管水層：粗孔隙幾乎完全處於氣相（土壤充滿空氣），部分細孔隙（毛細管孔隙）也處於氣相的狀態。

飽和毛細管水層：在粗孔隙極少的黏性土壤，其細孔隙幾乎完全處於液相（充滿水），根系無法呼吸的狀態。

積極地呼吸及往深處生長。到達深層的根系則會藉由蒸散作用積極吸收水分，讓整個土壤的過溼狀態逐漸得到改善。

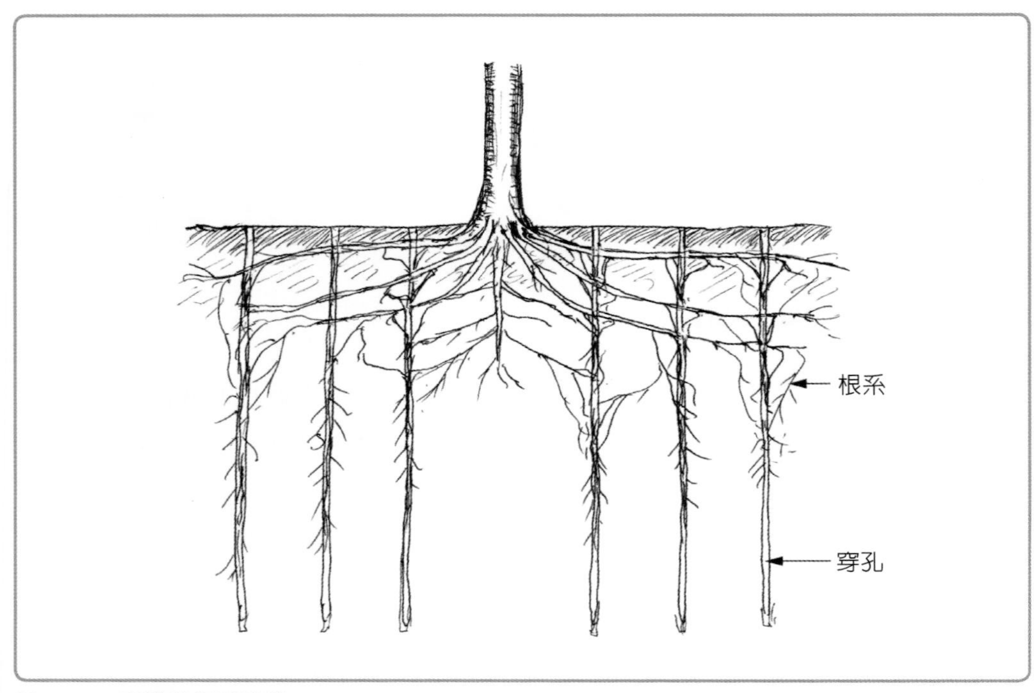

圖 10-8　**穿孔後根系發達**

(1) 主要使用的設備

- **土壤灌注機（土壤注入機）**：在梨園和蘋果園發生白紋羽病等土壤病害時使用的殺菌劑注入設備。
- **壓縮機**：水壓 20～50 kgf/cm^2（2～5 Mpa）。
- **送水軟管**
- **水箱**：聚乙烯製成，約 500～1,000 L（可裝在輕型卡車或小型卡車上。在水箱裡裝水行駛時，要注意重量限制）。

(2) 施用時間

基本上，一年中的任何時候都可以施用，但在寒冷地區最好避開土壤凍結的季節，即使不在寒冷地區，在植物休眠的季節施用效果也較差。

(3) 順序

- 拆除用於注射土壤殺菌劑的土壤灌注機的金屬管上的塞子兼踏板，使其能夠鑽入土壤中，深度約為 80 cm。
- 如果噴頭是轉上去的機種，就把四方向水平噴灑型換成直噴型。如果是難以更換的機種，就需要有兩臺不同噴頭的機器。
- 將土壤灌注機垂直輕壓在土壤表面，接著利用壓縮機將高壓水注入土壤，讓水壓將土壤穿出通到深處的小直徑孔穴。
- 這種方法幾乎不可能切斷根系，是改善既存樹木土壤通氣性最安全的方法。
- 但是，一個點的土壤改良效果非常小，所以建議盡可能於多點施作。
- 1 m^2 只需四個點（每 50 cm×50 cm 一個點）就能獲得非常高的效果。
- 水壓穿孔法不需要很高的壓力（25～50 kgf/cm^2 的程度），就可以簡單地鑽出深孔。
- 即使噴頭與混在土壤中的礫石相撞，只要在噴水的同時上下移動噴頭，就可以使礫石游動，讓噴頭插到更深處。
- 可將噴頭換成四方向水平噴射型，接著將土壤灌注機插入用直噴型打出的孔中將其擴大。
- 噴頭是消耗品，特別是在硬土中會有激烈的磨損，因此應準備好更換的備用零件。
- 如果土壤灌注機的噴頭管能接兩個以上的話，就可以穿孔到非常深的地方（兩個的話可以打到 1.6 m 深的程度）。

(4) 其他方法

- 為了延長通氣透水性的效果，可在鑽孔後將細矮竹插入孔中。
- 使用箭竹這類節沒有突出又細的矮竹，較容易處理。
- 如果用木槌或類似工具敲打破壞竹節的話，效果會更好。
- 在僅靠水壓無法鑽孔的地方，如固結或有大量礫石的地方，建議使用配備長鑽頭的混凝土破碎機（小型鑿岩機）進行破碎後，再利用水壓進行鑽孔。
- 使用稍大型的壓縮機，及帶有粗管子的螺旋式噴頭和高壓水（約 150～200 kgf/cm^2 的程度），將噴頭向斜前方一邊旋轉一邊鑽出直徑約 10 cm 的孔洞。即使土壤中含有少量的碎石或瓦礫，用這樣的機材配備就有可能順利穿孔。

- 如果使用高壓水鑽出一個直徑約 10 cm 的大孔洞，就可以插入剛竹那種粗大的劈竹。
- 可以用低濃度的液肥（例如：園藝肥料 Hyponex 粉末通常是稀釋 500 倍製成液肥後施用，也可以進一步稀釋 5～10 倍，也就是 2,500～5,000 倍）代替水。
- 懷疑有土傳傳染性疾病時，不要使用液肥，而是使用淡水或溶於土壤殺菌劑的水。
- 如果有使用液肥或殺菌劑，要在使用後以淡水清洗噴頭內。

引用・參考文獻

以下列出的書籍中，只有一小部分被實際引用或參考於本書中，但筆者還是把他書架上有的、他認爲對讀者可能有益處的市售日文書籍介紹出來。

- Allen, M. F. 著，中坪孝之・堀越孝雄 訳（1995）菌根の生態学，共立出版
- 青山正和（2010）土壌団粒—形成・崩壊のドラマと有機物利用—，農山漁村文化協会
- 有馬朗人ほか（1990）土，東京大学出版会
- 浅海重夫（1990）土壌地理学—その基本概念と応用—，古今書院
- Bal, P. 著，新島溪子・八木久義 訳監修（1992）土壌動物による土壌の熟成，博友社
- Berg, B.・C. McClaugherty 著，大園享司 訳（2004）森林生態系の落葉分解と腐植形成，シュプリンガー・フェアラーク東京
- Bolt, G. H.・M. G. M. Bruggenwert 編著，岩田進午ほか 訳（1998）土壌の化学 第4版，学会出版センター
- Bridges, E. M. 著，永塚鎮男・漆原和子 訳（1990）世界の土壌，古今書院
- 千葉明ほか（1975）畑土壌における堆廏肥の役割，農業および園芸，第50巻，第10号
- 地団研地学事典編集委員会 編（1973）地学事典，平凡社
- 大日本農会 編（2008）土壌資源の今日的役割と課題，大日本農会
- 伊達昇 編（1982）新版肥料便覧，農山漁村文化協会
- 伊達昇 編著（1988）便覧有機質肥料と微生物資材，農山漁村文化協会
- 伊達昇・塩崎尚郎（1997）肥料便覧 第5版，農山漁村文化協会
- 土壌物理学会 編（2002）新編土壌物理用語事典，養賢堂
- 土壌物理研究会 編（1976）土壌物理用語事典—付データ集—，養賢堂
- 土壌物理研究会 編（1979）土壌の物理性と植物生育，養賢堂
- 土壌環境分析法編集委員会 編（1997）土壌環境分析法，博友社
- Duchaufour, P. 著，永塚鎮男・小野有五 訳（1986）世界土壌生態図鑑，古今書院
- 江川友治ほか 監修（1969）土壌肥料新技術，技報堂
- 江原薫ほか（1974）園芸地・緑地におけるサンプリング，講談社
- Foth, H. D. 著，江川友治 監訳（1992）土壌・肥料学の基礎，養賢堂
- 藤岡謙二郎 編（1979）最新地理学事典新訂版，大明堂
- 藤川鉄馬 編著（1998）地球の土壌の劣化に立ち向かう—少しでもいい前に進みたい—，大蔵省印刷局
- 藤田桂治（1991）バーク堆肥の特性—その製法と施用法—．日本バーク堆肥協会
- 藤原俊六朗ほか 1998）新版 土壌肥料用語辞典，農山漁村文化協会
- 藤原俊六郎（1997）木質系有機物，土の環境圏，フジテクノシステム
- 二井一禎・肘井直樹 編著（2000）森林微生物生態学，朝倉書店
- ゲラーシモフ I. P.・M. A. グラーゾフスカヤ著，菅野一郎ほか訳（1960, 1962）土壌地理学の基礎上下巻，築地書院
- 生原喜久雄（1982）スギ堆肥林分の栄養的均衡，森林と肥培,No. 114, 日本林地肥培協会
- 橋元秀教（1977）有機物施用の理論と応用，農山漁村文化協会
- 橋元秀教・松崎敏英（1976）有機物の利用，農山漁村文化協会
- 服部勉・宮下清貴（2000）土の微生物学，養賢堂
- Hillel, D. 著，岩田進午・内嶋善兵衛 監訳（2001）環境土壌物理学—耕地生産力の向上と地球環境の保全Ⅰ〜Ⅲ，農林統計協会
- 平澤栄次（2007）図説生物学30講　植物編3　植物の栄養30講，朝倉書店
- 肥料用語事典編集委員会 編（1987）改訂三版 肥料用語事典，肥料協会新聞部
- 堀大才（1999）樹木医完全マニュアル，牧野出版
- 堀大才・三戸久美子（2003）木質有機物の有効利用，博友社
- 堀大才 編著（2014）樹木診断調査法，講談社
- 堀大才（2015）絵でわかる樹木の育て方，講談社
- 堀大才 編著（2018）樹木学事典，講談社
- 堀越孝雄・二井一禎（2003）土壌微生物生態学，朝倉書店
- 犬伏和之・安西徹郎編（2001）土壌学概論，朝倉書店
- 石橋信義 編（2003）線虫の生物学，東京大学出版会
- 岩生周一ほか 編（1985）粘土の事典，朝倉書店
- 樹木生態研究会 編（2011）樹からの報告—技術報告集—，樹木生態研究会
- 甲斐秀昭・橋元秀教（1976）土壌腐植と有機物，農山漁村文化協会
- 河田弘（1971）バーク（樹皮）堆肥—製造・利用の理論と実際—，博友社
- 河田弘（2000）森林土壌学概論，博友社
- 氣賀澤和男 編（2000）原色土壌害虫，全国農村教育協会
- 駒田旦 監修（1998）改訂版土壌病害の発生生態と防除，タキイ種苗
- 金野隆光ほか（1976）土つくりの原理，農山漁村文化協会
- 木村真人・波多野隆介 編（2005）土壌圏と地球温暖化，名古屋大学出版会
- 木村敏雄ほか 編（1973）新版地学辞典〔第3巻〕—地質学・地形学・古生物学・土壌学—，古今書院
- Kroon, H. de・E. J. W. Visser 編，森田茂紀・田島亮介 監訳（2008）根の生態学，シュプリンガー・ジャパン

- 熊田恭一（1977）土壌有機物の化学，東京大学出版会
- 久馬一剛ほか 編（1993）土壌の事典，朝倉書店
- 久馬一剛（1997）最新土壌学，朝倉書店
- Larcher, W. 著，佐伯敏郎・舘野正樹 監訳（2004）植物生態生理学 第 2 版，シュプリンガー・フェアラーク東京
- 町田貞ほか 編（1981）地形学事典，二宮書店
- 松井健（1988）土壌地理学序説，築地書館
- 松本聰・三枝正彦 編（1998）植物生産学（II）―土壌技術編―，文永堂出版
- 松中照夫（2003）土壌学の基礎―生成・機能・肥沃度・環境―，農山漁村文化協会
- 松尾嘉郎・奥薗壽子（1990）絵とき地球環境を土からみると，農山漁村文化協会
- 松尾嘉郎・奥薗壽子（1990）絵とき人の命を支える土，農山漁村文化協会
- 松坂泰明・栗原淳 監修（1994）土壌・植物栄養・環境事典，博友社
- 松崎敏英（1992）土と堆肥と有機物，家の光協会
- 三木幸蔵・古谷正和（1983）土木技術者のための岩石・岩盤図鑑，鹿島出版会
- 三好洋・丹原一寛（1977）土の物理性と土壌診断，日本イリゲーションクラブ
- 森田茂紀（2000）根の発育学，東京大学出版会
- 村山登ほか（1990）作物栄養・肥料学 第 5 版，文永堂出版
- 永塚鎮男・大羽裕（1988）土壌生成分類学，養賢堂
- 中村道徳 編（1980）生物窒素固定，学会出版センター
- 中野政詩（1991）土の物質移動学，東京大学出版会
- 中野政詩ほか（1995）土壌物理環境測定法，東京大学出版会
- 根の事典編集委員会 編（1998）根の事典，朝倉書店
- 日本土壌微生物学会 編（1996～2000）新・土の微生物（1）～（5），博友社
- 日本土壌肥料学会 編（1981）土壌の吸着現象―基礎と応用―，博友社
- 日本土壌肥料学会 編（1998）土と食糧，朝倉書店
- 日本ペドロジー学会 編（1997）土壌調査ハンドブック改訂版，博友社
- 日本緑化センター 編（1987）緑化地の土壌改良，日本緑化センター
- 日本緑化センター 編（1995）樹木診断法―土壌編―，日本緑化センター
- 日本緑化センター 編（1996）新・樹木医の手引き，日本緑化センター
- 日本林業技術協会 編（1990）土の 100 不思議，東京書籍
- 仁王以智夫ほか（1994）土壌生化学，朝倉書店
- 西尾道徳（1989）土壌微生物の基礎知識，農山漁村文化協会
- 西尾道徳・大畑寛一 編（1998）農業環境を守る微生物利用技術，家の光協会
- 西尾道徳（2007）堆肥・有機質肥料の基礎知識，農山漁村文化協会
- 西澤務 監修（1994）土壌線虫の話，タキイ種苗
- 農山漁村文化協会 編（1974）有機質肥料のつくり方使い方，農山漁村文化協会
- 小川真（1980）菌を通して森をみる―森林の微生物生態学入門―，創文
- 小川真（1987）作物と土をつなぐ共生微生物―菌根の生態学―，農山漁村文化協会
- 小川吉雄（2000）地下水の硝酸汚染と農法転換―流出機構の解析と窒素循環の再生―，農山漁村文化協会
- 大久保雅弘・藤田至則 編著（1996）地学ハンドブック 第 6 版，築地書館
- 大政正隆（1983）森に学ぶ，東京大学出版会
- 林野庁 監修，「日本の森林土壌」編集委員会 編（1983）日本の森林土壌，日本林業技術協会
- 佐橋憲生（2004）菌類の森，東海大学出版会
- 「新版土壌病害の手引」編集委員会（1984）新版土壌病害の手引，日本植物防疫協会
- 森林土壌研究会 編（1982）森林土壌の調べ方とその性質，林野弘済会
- 森林立地調査法編集委員会 編（1999）森林立地調査法―森の環境を測る―，博友社
- 森林総合研究所（1975）林野土壌分類，森林総合研究所
- 森林水資源問題検討委員会 編（1991）森林と水資源，日本治山治水協会
- 森林水文学編集委員会 編（2007）森林水文学―森林の水のゆくえを科学する―，森北出版
- 菅野一郎 編（1962）日本の土壌型，農山漁村文化協会
- 高井康雄ほか編（1976）植物栄養土壌肥料大事典．養賢堂
- 武田健（2002）新しい土壌診断と施肥設計―畜産堆肥で高品質持続的農業―，農山漁村文化協会
- 塚本良則 編（1992）森林水文学，文永堂出版
- 都留信也（1976）土壌の微生物，農山漁村文化協会
- 八木博（1983）新版 図解 土壌検定と肥料試験―付・水質汚染物質の検定法―博友社
- 八木久義（1994）熱帯の土壌―その保全と再生を目的として―，国際緑化推進センター
- 山田龍雄ほか（1976）地力とは何か，農山漁村文化協会
- 山口考一・小林康男（1997）土の環境圏，フジテクノシステム
- 山根一郎ほか（1978）図説日本の土壌，朝倉書店
- 山内章編（1996）植物根系の理想型，博友社
- 山崎耕宇ほか（1993）植物栄養・肥料学，朝倉書店
- 安田環・越野正義 編（2001）環境保全と新しい施肥技術，養賢堂
- 横井利直（1994）土壌―土壌のみかた考え方―改訂 2 版，東京農業大学
- 有機性汚泥の緑農地利用編集委員会 編（1991）有機性汚泥の緑

農地利用，博友社
- 和達清夫 監修（1986）新版気象の事典，東京堂出版
- 渡辺弘之 監修（1973）土壌動物の生態と観察，築地書館
- 渡辺巌（1971）農業と土壌微生物，農山漁村文化協会
- 渡辺和彦 監修（1999）野菜の要素欠乏と過剰症，タキイ種苗
- 渡邊恒雄（1998）植物土壌病害の事典，朝倉書店

國家圖書館出版品預行編目(CIP)資料

樹木土壤學的基礎知識／堀大才著；劉東啟譯. -- 初版. -- 臺北市：五南圖書出版股份有限公司, 2023.10
面； 公分
ISBN 978-626-366-477-7(平裝)

1.CST: 土壤 2.CST: 森林土壤學

436.16 112013229

5N58

樹木土壤學的基礎知識

作　　者— 堀 大才
譯　　者— 劉東啟
發 行 人— 楊榮川
總 經 理— 楊士清
總 編 輯— 楊秀麗
副總編輯— 李貴年
責任編輯— 何富珊
封面設計— 姚孝慈
出 版 者— 五南圖書出版股份有限公司
地　　址：106台北市大安區和平東路二段339號4樓
電　　話：(02)2705-5066　　傳　　真：(02)2706-6100
網　　址：https://www.wunan.com.tw
電子郵件：wunan@wunan.com.tw
劃撥帳號：01068953
戶　　名：五南圖書出版股份有限公司

法律顧問　林勝安律師

出版日期　2023年10月初版一刷
定　　價　新臺幣420元

經典永恆·名著常在

五十週年的獻禮——經典名著文庫

五南，五十年了，半個世紀，人生旅程的一大半，走過來了。
思索著，邁向百年的未來歷程，能為知識界、文化學術界作些什麼？
在速食文化的生態下，有什麼值得讓人雋永品味的？

歷代經典‧當今名著，經過時間的洗禮，千錘百鍊，流傳至今，光芒耀人；
不僅使我們能領悟前人的智慧，同時也增深加廣我們思考的深度與視野。
我們決心投入巨資，有計畫的系統梳選，成立「經典名著文庫」，
希望收入古今中外思想性的、充滿睿智與獨見的經典、名著。
這是一項理想性的、永續性的巨大出版工程。
不在意讀者的眾寡，只考慮它的學術價值，力求完整展現先哲思想的軌跡；
為知識界開啟一片智慧之窗，營造一座百花綻放的世界文明公園，
任君遨遊、取菁吸蜜、嘉惠學子！